从领口向下编织的毛衫

日本宝库社　编著

甄东梅　译

河南科学技术出版社
·郑州·

简单介绍

从领口向下编织的毛衫

"从领口向下编织的毛衫"就是"从育克开始编织的毛衫",也就是先从领窝开始编织育克部分,然后再编织前、后身片和衣袖。简言之,这些作品在编织的时候没有烦琐复杂的缝合或者拼接工作,是不需要缝合的毛衫。

这种编织方法目前在各国的编织爱好者中都是超级有人气的,被叫作"从领口向下编织的无缝毛衫"。与从下摆开始编织的毛衫的不同之处就是,在编织的时候可以根据实际情况调整衣长和肩宽,即使是对初学者来说也很简单方便,这也是它在世界各国广受欢迎的原因之一。

编织起点

圆润的斜肩

从 V 领开始环形编织

虽然是无缝编织,但看起来和普通的袖子一样

Ravelry
www.ravelry.com
源于美国,供全世界编织爱好者学习交流的社交网站。参与者不仅可以管理自己的各种编织作品,还可以下载各种原创作品(免费 / 收费),可以收集和共享全世界所有和编织相关的信息。

区别在何处?

在数款从领口向下编织的毛衫中，Isabell Kraemer 的 "on the beach" 系列毛衫在 Ravelry 上非常有人气，设计本身也确实非常有新意。说起从育克开始编织的毛衫，通常大家会想到的都是圆育克或插肩袖的毛衫等，而她分享的从领口向下编织的毛衫却不同，有很自然的斜肩设计、与普通袖一样的袖窿等，作品的主要特征包括贴合身体曲线的完美轮廓，造型完美、穿着舒适的无缝编织等。

本书对 "on the beach" 各种款式毛衫的编织方法做了详细介绍，同时根据 Susie Myers 的提议，也将 Ravelry 上介绍的连肩袖 (Contiguous sleeve) 编织方法做了说明。

后身片衣领处的加针，会呈现自然的弧度

非常适合条纹花样

Isabell Kraemer
在 Ravelry 上叫作 "lalalu"

与丈夫、19岁的儿子和3只猫咪一起生活在德国西南部一个自然环境优美的中世纪小镇，现在经营着一家手工艺品店。每天，他们通过教授孩子们创作手工艺品的方法打发半日时光，余下时间就拿着钩针和毛线创作各种日常用的编织小物件。

Susie Myers（苏茜·梅尔斯）
在 Ravelry 上叫作 "SusieM"

在澳大利亚居住。她创作的连续编织（Contiguous method）经常被世界各地的设计师或是编织大师采用。她还专门成立了一个连续编织小组（Contiguous Group）。退休后，现在和丈夫一起在塔斯马尼亚安享晚年。

本书中的作品只供手工编织使用，禁止复制、销售（包括实体店、网店等）。
书中编织图上未注明单位的数字均以厘米（cm）为单位。

Contents
目录

on the beach

这些款式简洁的 V 领毛衫就是"on the beach"系列了。

在海外钩针编织交流网站 Ravelry（www.ravelry.com）上，编织设计师 Isabell Kraemer 发表了从领口向下编织的系列作品。她简洁朴素的设计风格，不仅适合人群广泛，而且编织方法简单，方便进行各种不同的设计，受到全世界编织爱好者的青睐。

"on the beach"系列一共有 5 个不同的尺寸，在编织的时候，可以选择自己喜欢的毛线颜色，用自己喜欢的针法编织。

基本的方法是下针编织。改变衣长、袖长、配色或者下摆的花边等，就可以创造出专属于自己的"on the beach"了。

M

L

XL

制作方法 | 52 页

01 | ［on the beach］XS

砖红色与浅褐色的搭配，演绎出一种东方风情。小号（XS）设计非常适合身材娇小的人，当然贴身穿着也完全没问题。没有接缝的舒适感，绝对让人意想不到。

整理：西村知子　制作：平贺智子　毛线：和麻纳卡

制作方法 | 54页

02 | [on the beach] S

温和的米色和稳健的深咖啡色搭配，有一种清新的咖啡牛奶色调，是方便搭配又不会显得休闲随意的一款条纹套头衫。

整理：西村知子　制作：八木裕子　毛线：和麻纳卡

制作方法 | **51** 页

03 | ［on the beach］M

下摆和袖口都是基本的下针编织，一圈一圈地向外编织，领口处也是织片边缘的自然形状，这是一款宽条纹的基本款套头衫。

整理：Isabell Kraemer　制作：西村知子　毛线：和麻纳卡

[on the beach]对照英文说明一起编织吧!

"on the beach" 系列共有XS、S、M、L、XL 5种不同尺寸。本书按照Ravelry(www.ravelry.com)上的英语编织方法(编织方法的文章说明)介绍, 对6、7页列出的毛衣衣长、袖长、条纹的间隔、配色、编织花样、下摆和袖口的花边等重新设计, 就是 "on the beach" 系列作品了。可以按照自己的喜好改变设计风格、形状等, 创作出具有自己风格的作品。

斜肩
袖山
前开领
育克
胸围

斜肩
袖山
连肩袖长
衣长

●材料(M)
毛线…和麻纳卡 EXCIDE WOOL L(中粗)　亮灰色(327)210g/6团、烟熏绿色(347)190g=5团
棒针…6号环针(60cm或80cm)、6号4根针
其他…记号圈(针数环等)6个
●密度
10cm×10cm面积内: 下针条纹18针, 26行
●成品尺寸(M)
胸围96cm　＊作品衣长、袖长的尺寸和原文不同。
※参考尺寸: XS 76cm、S 85cm、L 105cm、XL 115cm
●编织要点
编织方法是以记号圈为基点进行说明的, 记号圈是编织过程中非常重要的标记。编织标题中记载的Ⓐ~Ⓔ与14页的育克图一致。

注意事项

· 平针编织和环形编织的织片, 编织针数会有变化。需要根据实际情况调整钩针的号数。
· 使用不同颜色的毛线环形编织时, 为了防止条纹分隔界线过于明显, 在第1行是正常编织, 在下一行的第1针用滑针编织(条纹花样的配色参考51页)。
· 考虑到成品的美观度以及编织时的难易度, 日文的编织说明对英文的编织说明做了一定的更改或者补充。原文和译文不同的地方用粗体做了标注。
· 书中针数、行数和尺码等用XS(S、M、L、XL)表述。
· 成品图均是以M码为标准编织的。

编织起点~后领的加针 Ⓐ

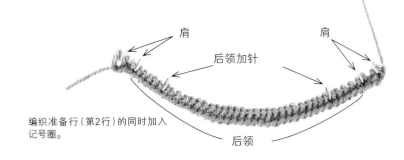

编织准备行（第2行）的同时加入
记号圈。

肩　　后领加针　　肩　　后领

Co XS 34 (S 38, M 42, L 46, XL 48) sts

Setup: p1, pm (shoulder), p2, pm (shoulder), p5, pm (back neck), p18 (22, 26, 30, 32), pm (back neck), p5, pm (shoulder), p2, pm (shoulder), p1

Row 1 (RS): k to first m, m1R, sm, k2, sm, m1L, k to next m, sm, m1L, k to next m, m1R, sm, k to next m, m1R, sm, k2, sm, m1L, k to end

Row 2 (WS): p to first m, m1R, sm, p2, sm, m1L, p to next m, sm, m1L, p to next m, m1R, sm, p to next m, m1R, sm, p2, sm, m1L, p to end

Rep rows 1 + 2 one more time

Remove back neck markers on last row

5 sts (each front) -2 sts (each shoulder seam) -44 (48, 52, 56, 58) sts(back)

起针（第1行）：XS 34针（S 38针、M 42针、L 46针、XL 48针）起针。

准备行（第2行）：上针1针，肩部加入记号圈，上针2针，肩部加入记号圈；上针5针，后领窝的加针加入记号圈；上针18针（22、26、30、32），后领窝的加针加入记号圈；上针5针，肩部加入记号圈；上针2针，肩部加入记号圈；上针1针。

第1行（第3行）（正面）：编织下针到第1个记号圈处，右扭针加针，移动记号圈，下针2针，移动记号圈，左扭针加针；编织下针到下一个记号圈处，移动记号圈，左扭针加针；编织下针到下一个记号圈处，右扭针加针，移动记号圈，编织下针到下一个记号圈处，右扭针加针，移动记号圈，下针2针，移动记号圈，左扭针加针，编织下针到一行的终点。

第2行（第4行）（反面）：编织上针到第一个记号圈处，右扭针加针(◉)，移动记号圈，上针2针，移动记号圈，左扭针加针(◉)，编织上针到下一个记号圈处，移动记号圈，左扭针加针(◉)，编织上针到下一个记号圈处，右扭针加针(◉)，移动记号圈，编织下针到下一个记号圈处，右扭针加针(◉)，移动记号圈，上针2针，移动记号圈，左扭针加针(◉)，编织上针到一行的终点。

第1、2行（第3行和第4行）再重复编织1次，拆除后领窝加针的记号圈。

针数确认：两前身片5针，肩线2针，后身片44(48、52、56、58)针。

(◉)=正面左扭针加针　　(◎)=正面右扭针加针

一直到14页育克图Ⓐ。
从后身片中心开始，在记号圈的位置，左右对称加针编织。

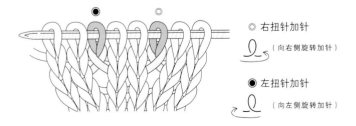

编织起点　　后身片中心　　后领

扭针加针

◎ 右扭针加针

（向右侧旋转加针）

● 左扭针加针

（向左侧旋转加针）

斜肩和前领开口 Ⓑ

Note: Increases are worked before and after shoulder markers on every row

Next row: *work to m, m1R, sm, work to next m, sm, m1L, rep from *once more, work to end

Rep last row 6 (7, 9, 10, 11) more times

AT THE SAME TIME (for sizes M, L, XL):

On 8th repeat(RS): begin working v-neck increases and rep this on every RS row (other sizes will start later with v-neck inc)

v-neck inc: k2, m1L, work as indicated to 2 sts before end of row, m1R, k2

12 (13, 16, 18, 19) sts (each front) - 2 sts (each shoulder) - 58 (64, 72, 78, 82) sts (back)

Sizes XS and L: work 1 row (WS)

※之后,在肩部记号圈前、后,每行都加针编织。

下一行:【编织到记号圈处,右扭针加针,移动记号圈,编织到下一个记号圈,移动记号圈,左扭针加针】

再次编织【】的动作,一直编织到一行的终点。

按照相同的编织方法,一共编织6(7、9、10、11)行。

同时,M、L、XL的毛衣:

在重复编织第8次(正面行)时,开始编织V领的加针。之后,在正面行加针。(其他尺码是在之后开始加针编织,按照后述方法编织)

V领的加针:下针2针,左扭针加针,按照图示从一行的终点开始编织到前面2针,右扭针加针,下针2针。

针数确认:前身片各12(13、16、18、19)针,肩部各2针,后身片58(64、72、78、82)针。

XS和L毛衣:反面编织1行。

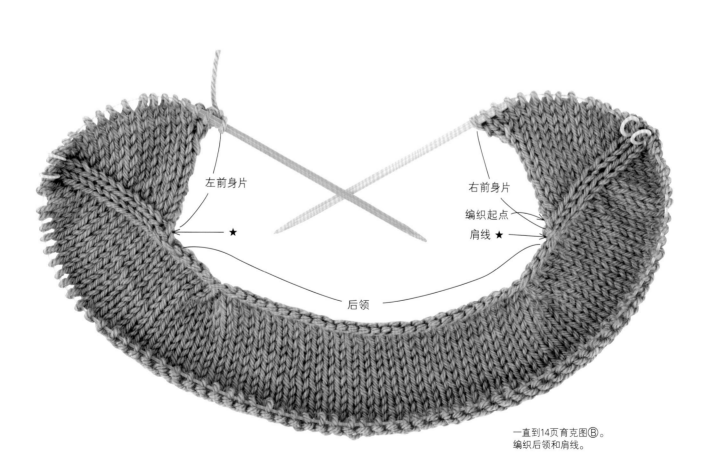

左前身片　右前身片

编织起点

肩线 ★　　★

后领

一直到14页育克图Ⓑ。
编织后领和肩线。

袖山的编织起点 Ⓒ

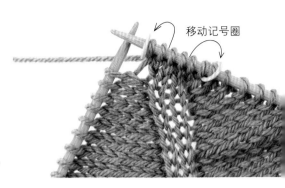

育克图 Ⓒ 袖山的第1行。
一边编织一边移动记号圈,
袖山一共编织6针

移动记号圈

Replace markers on row 1

Note: Increases are now worked in between the markers

AT THE SAME TIME (for size s): begin working v-neck inc on row 1 in the following section as stated above and rep this on every RS row

(v-neck inc for size xs will start on row 3)

Row 1 (RS): *work as set to 1 st before m, slip next st to right needle, remove m, slip the st back to left needle, pm, m1L, k3, remove marker, k1, m1R, pm, rep from * one more time, work as set to end

11 (13, 16, 18, 19) sts (each front) - 6 sts (each sleeve) - 56 (62, 70, 76, 80) sts (back)

Row 2: *p to m, sm, m1L, p to next m, m1R, sm, rep from * once more, p to end

Note (for size XS): begin working v-neck inc on row 3

Row 3: k2, m1L (v-neck inc), *k to m, sm, m1L, k to m, m1R, sm, rep from * once more, k to 2 sts before end, m1R (v-neck inc), k2

Row 4: purl

在下面的第1行移动记号圈。

※之后,在记号圈和记号圈之间加针编织。同时,以S为例:在下一节的第1行开始V领的加针编织,然后在正面行上,每次都加针编织。(XS的V领加针从第3行开始)

第1行(正面):【编织到记号圈前面的1针。下一针移动到右针,然后取出记号圈。移动的针目再回到左针上,放入记号圈。左扭针加针,下针3针,取出记号圈,下针1针,右扭针加针,放入记号圈】。

【 】的动作再重复1次,一直编织到一行的终点。

针数确认:前身片各11(13、16、18、19)针,袖子各6针,后身片56(62、70、76、80)针。

第2行:【编织上针到记号圈处,拆除记号圈,左扭针加针(◎),编织上针到下一个记号圈处,右扭针加针(●),拆除记号圈】。

【 】的动作再重复1次,编织上针到一行的终点。

※XS毛衣:在第3行开始编织V领窝的加针。

第3行:下针2针,左扭针加针(V领加针),【编织下针到记号圈处,移动记号圈,左扭针加针,编织下针到记号圈处,右扭针加针,移动记号圈】。

【 】的动作再重复1次,编织下针到一行最后2针的前面,右扭针加针(V领窝加针),下针2针。

第4行:编织上针。

(●)=正面左扭针　　(◎)=正面右扭针

育克图(M)

▨ = �L 左扭针	□ = 亮灰色	
▧ = ⎠R 右扭针	▨ = 烟熏绿色	
	□ = ⊡ 下针	

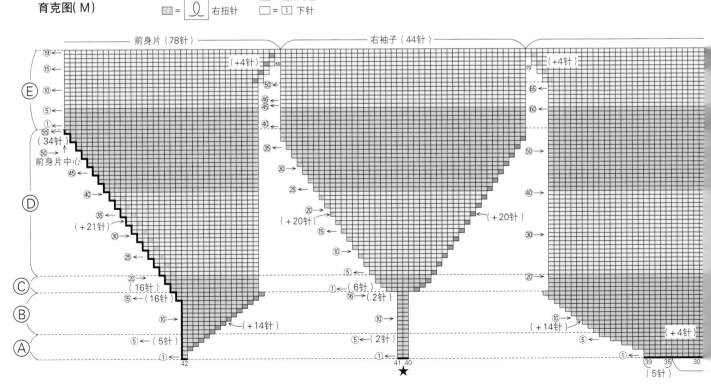

袖山和前领开口 ⓓ

Rep rows 3 and 4 16 (17, 17, 18, 19) times more

28 (31, 34, 37, 39) sts (each front) - 42 (44, 44, 46, 48) sts (each sleeve) - 56 (62, 70, 76, 80) sts (back)

Sizes M, L, XL

Next row: k2, m1L (v-neck inc), k to 2 sts before end, m1R (v-neck inc), k2

All sizes: now join to knit in rounds - no more inc for sleeves

Note: when the next colourchange is to come, move beg of round to the next marker - means: cut yarn, slip all sts to right needle until you reach the next side seam marker (this is the new beg of round), make colourchange!

第3行和第4行之后，往返编织16（17、17、18、19）次。

针数确认：前身片各28（31、34、37、39）针，袖子各42（44、44、46、48）针，后身片56（62、70、76、80）针。

M、L、XL 毛衣：

下一行：下针2针，左扭针加针（V领窝加针），一直编织到一行最后2针的前面，右扭针加针（V领窝加针），下针2针。

所有尺码的毛衣：开始环形编织，到袖山的加针结束。

※行的起点向左前袖方向移动。先把毛线剪断，到左前袖（第1个记号圈）的针目先不编织，移回右针上。之后行的起点在袖子和身片分开的位置。换不同颜色的毛线也在这里开始。

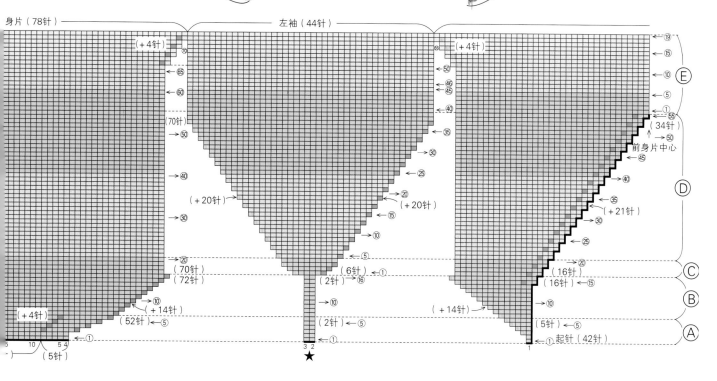

后身片

右袖　左袖

后领　肩线 ★

编织起点　★

右前身片　左前身片

到育克图 ⓓ。编织好袖山和前领开口后，剪断毛线，在第1个记号圈的位置开始编织。

环形针编织袖窿 E

When armhole measures 16 (17, 19, 20, 20) cm

Work body increases as follows:

Round 1: *work to 1 st before m, m1R, k1, sm, k to 1 st past next m, m1L; rep from * once more, k to end

Round 2: knit

Rep last 2 rounds 2 (3, 3, 4, 5) more times

After all increases you should have:

62 (70, 78, 86, 92) sts (front) - 42 (44, 44, 46, 48) sts (each sleeve) - 62 (70, 78, 86, 92) sts (back)

无加减针编织，袖窿的长度是16（17、19、20、20）cm，"从袖山的起点开始，编织42（44、50、52、52）行，按照如下方法在身片加针编织。"（最开始的记号圈是在左前袖处）

第1行：【袖子一直编织到下一个记号圈处，移动记号圈，记号圈下面的1针编织下针，左扭针加针，一直编织到下一个记号圈的1针前面，右扭针加针，下针1针，移动记号圈】。

【】的动作再重复1次，编织到一行的终点。

第2行：编织下针。

这2行重复编织2（3、3、4、5）次。

加针全部编织完成后，针数应该如下所示：

前身片62（70、78、86、92）针，袖子各42（44、44、46、48）针，后身片62（70、78、86、92）针。

＊原文和英文不同的地方，用粗体字表示。

编织到育克 E。
育克编织完成。

右袖　前身片　左袖
后身片

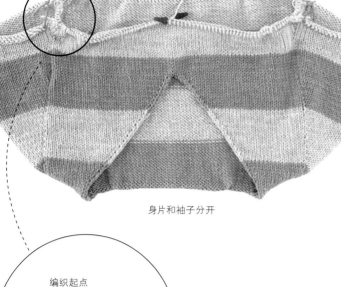

身片和袖子分开

编织起点

腋下
胁部

袖子用另线固定，前、后身片呈环形编织。胁部另线锁针起针，在编织起点放入记号圈。

袖子用另线固定，编织身片

【拆除记号圈，下面的42（44、44、46、48）针用固定针或是其他的线固定，胁部的腋下起针7（7、9、9、11）针编织袖子。（在腋下的正中间做上标记）编织到记号圈处，取下记号圈。】

【】的动作再重复1次。

针数确认：前、后身片各68（76、86、94、102）针，两胁做上标记，2针合计138（154、174、190、206）针。

编织下针到标记的1针前面，标记针（胁部正中间的针目）编织上针1针，放入记号圈。到下一个标记针的1针前面编织下针，标记针编织上针1针，放入记号圈，编织下针到一行的终点。

拆除胁部正中间针目的标记。（立织1针上针，看起来像是胁部接缝）

※到这里，编织的起点还是在左袖侧（袖窿加针的后面），接下来替换成不同颜色的毛线时，要把编织起点移动到左胁部。将左针4（4、5、5、6）针移至右针的位置变成了一行的起点，上针就变成了一行的终点。

从胁部开始到18cm长的位置，两胁的1针编织上针，其他位置继续编织下针。

为了能使其呈现宽松平缓的A字形，需要按照以下方法编织：【下针1针，左扭针加针，编织到下一个记号圈的2针前面，右扭针加针，下针1针，上针1针，移动记号圈】。【】的动作再重复1次。加4针。合计142（158、178、194、210）针。

加针行，每14行之后重复编织3次，共加12针。合计154（170、190、206、222）针。

胁部的长度达到43cm时休针。

下摆的编织终点（根据自己的喜好）：为了使成品更加简洁干练，可以从胁部开始编织40cm长，然后换成细一点的针，编织起伏针（下针1行、上针1行重复编织）至成品尺寸后休针。

Separating sleeves

Work to m, remove m, place 42 (44, 44, 46, 48) sts on holder or waste yarn (sleeve), CO 7 (7, 9, 9, 11) sts (mark the centre st with a split ring), remove m, rep from one more time

68 (76, 86, 94, 102) sts for each front and back + 2 marked sts for side seams - 138 (154, 174, 190, 206) sts

Knit to marked st, pm, p1 (this st will create a faux side seam), k to next marked st, pm, p1, k to end-remove split rings

Work in St st, purling the side seam sts, until body measures 18 cm from underarm

For the slight a-shape work inc rounds as follows:

*sm, p1, k1, m1L, k to 1 st before next m, m1R, rep from * once more, k1

4 sts increased - 142 (158, 178, 194, 210) sts

Rep this inc round on every 14th round 3 times more

12 sts increased - 154 (170, 190, 206, 222) sts

When body measures 43cm from underarm, bind off.

Note (optional ending): for a more finished look work until body measures 40cm from underarm, change to smaller needle and work in garter st (k 1 rnd, p 1 rnd) to final length.

编织袖子

休针的袖育克针目转移到棒针上，用4根针编织

Sleeves

With dpns pick up and knit 4 (4, 5, 5, 6) sts from underarm co (begin at centre st), knit 42 (44, 44, 46, 48) sts from holder, pick up 3 (3, 4, 4, 5) sts from underarm co, pm
- 49 (51, 53, 55, 59) sts

Place marker and join to knit in rounds

Setup round: sm, p1, k to end

Work 18 rounds

Next rnd (decrease rnd):
sm, p1, k1, k2tog, k to 3 sts before end, ssk, k1

Rep this dec rnd every 16th rnd 3 times more
- 41 (43, 45, 47, 51) sts

Work as set until sleeve measures 47cm from underarm, bind off.

Note (optional ending): work until sleeve measures 44cm from underarm, change to smaller needle and work in garter st (k 1 rnd, p1 rnd) to final length. work second sleeve to match

腋下针目的挑针方法

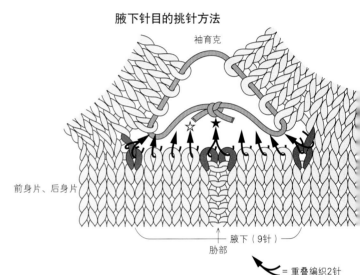

袖育克

前身片、后身片

腋下（9针）

胁部

↘ = 重叠编织2针

☆ = 袖子的编织起点

★ = 重叠上针编织2针

使用4根针，从胁部腋下的中间1针左侧开始按顺序挑3（3、4、4、5）针，编织休针的42（44、44、46、48）针，挑起胁部加针剩余的4（4、5、5、6）针，放入记号圈。

共49（51、53、55、59）针，放入记号圈后环形编织。

准备行（第1行）：移动记号圈，编织下针到行尾1针的前面，最后一针编织上针。编织18行。

下一行（减针行）：移动记号圈，下针1针，左上2针并1针，编织到记号圈4针的前面，右上2针并1针，下针1针，上针1针。

上面的减针每16行重复编织3次。

共41（43、45、47、51）针，然后按照相同的方法，从胁部开始一直编织到所需长度47cm后休针。

袖子的编织终点（根据个人喜好）：袖子是从胁部开始编织44cm长，然后换成细一点的针，编织起伏针（下针1行、上针1行重复编织）至成品尺寸后休针。另一只袖子也按照相同方法编织。

*原文和英文不同的地方，用粗体字表示。

作品是编织完成的状态，边缘要编织得漂亮。

领窝的完成方法

V-neck finishing (optional):

With smaller needle pick up 5 sts per 6 rows around v-neck and all sts from CO. BO all sts on next round

Weave in ends

Block to measurements and wear with pride

V领的完成方法（根据个人喜好）：使用细一点的针，在V领的编织行处，从6行位置5针分割，起针的部分是每针挑针。在下一行休针（这一部分可以用钩针编织1行引拔针）。

处理线头。根据织物的大小，使用蒸汽熨斗熨平，就是一件非常漂亮的毛衫了。

[on the beach]英语缩略语一览表

欧美编织书中,常选用文字说明,常用的编织术语多用单词的首字母等缩略语表示。
这里就介绍一下"on the beach"系列中使用的英语的缩略语。
很好地掌握了这些缩略语的意思后,一直困扰大家的英语编织系列就会变得简单易懂!

缩略语	英语	汉语
CO	cast on	起针、挑针
BO	bind off	伏针
st(s)	stitch(es)	针目
RS	right side	正面
WS	wrong side	反面
k	knit	下针
p	purl	上针
beg	begin	开始
rep	repeat	重复
m	marker	记号圈(针数环等)
pm	place marker	放入记号圈
sm	slip marker	移动记号圈
k2tog	knit 2 together	左上2针并1针
ssk	slip, slip, knit through backloops	右上2针并1针
m1L	make one left (left leaning increase)	左扭针加针
on RS	lift loop between stitches from front, knit into backloop	正面:左针从针目与针目之间渡线的前面入针,向上拉出后旋转,下针编织。
on WS	lift loop between stitches from back, purl into frontloop	反面:左针从针目与针目之间渡线的后面入针,向上拉出后旋转,上针编织。(正面是右扭针)
m1R	make one right (right leaning increase)	右扭针加针
on RS	lift loop between stitches from back, knit into frontloop	正面:左针从针目与针目之间渡线的后面入针,向上拉出后旋转,下针编织。
on WS	lift loop between stitches from front, purl into backloop	反面:左针从针目与针目之间渡线的前面入针,向上拉出后旋转,上针编织。(正面是左扭针)
inc	increase	加针
dec	decrease	减针
rnd(s)	round(s)	圈(环形编织时的情况)
dpn(s)	double pointed needles(s)	双头针

制作方法 | **56** 页

04 | [on the beach] L

身片是宽松的 A 形，袖子是直筒式的宽松轮廓。下摆和袖口是镂空的蕾丝花样，编织成七分袖，看起来非常精神。
整理、制作：西村知子　毛线：和麻纳卡

制作方法 | 58 页

05 | [on the beach] XL

用蓝色与灰色的男士常用色搭配，中间用一条鲜艳的黄色线条分开，给人一种轻便简洁的印象。与打底衫搭配叠穿，会非常可爱。

整理、制作：西村知子　毛线：和麻纳卡

06 卡其色横条纹 V 领套头衫

自然风的卡其色中加入有细微差别的蓝色，使整体更美观。毛毡式的触感，使织片整体看起来轻柔至极。
设计：兵头良之子　制作：饭田夏子　毛线：AVRIL

AVRIL WOOL人造毛线

白色（301）、红色（308）

南瓜黄色（307）、白色（301）、卡其色（302）

柠檬黄色（303）、白色（301）

蓝色（306）、白色（301）

制作方法 60页

07 | 元气满满的多色条纹套头衫

这是一款编织的时候会很兴奋、穿着的时候很开心的套头衫、很适合穿上外出游玩。前面的口袋要等身片上的条纹花样编织好后再缝上。

设计：兵头良之子　制作：饭田夏子　毛线：AVRIL

制作方法 | 62 页

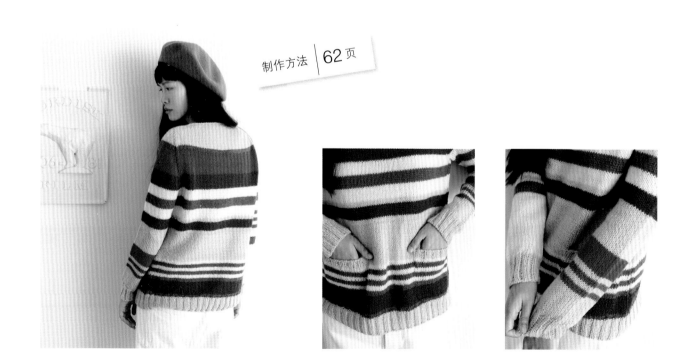

制作方法 | **64**页

08 | 粗马海毛松软套头衫

用粗马海毛线编织的这件圆领套头衫，感觉很快就能编织好。用的是成年人也非常喜欢的粉色毛线，轻柔温暖，穿起来非常舒服。

设计：兵头良之子
毛线：AVRIL

09 | 清爽的糖果色条纹套头衫

这款清爽的绿松石色和柠檬绿色毛线交替编织的横条纹套头衫，使用的是棉线和丝线混纺系列毛线，触感光滑，摸起来非常舒服。

设计：兵头良之子
毛线：AVRIL

制作方法 | 66页

10 | 女人味十足的喇叭边套头衫

编织起点白色部分是用马海毛线编织，灰色部分是用棉毛线编织，下摆用的是蓝色的马海毛线编织，不过是用2根线并为1股编织的。不同密度的织片编织后也能达到无接缝的效果。

设计、制作：笠间 绫　毛线：芭贝

制作方法 | **68**页

Color sample

KID MOHAIR FINE1P×PRINCESS ANNY
×KID MOHAIR FINE2P

薄荷绿色(55)、亮灰色(546)、浅黄绿色(51)

灰白色(2)、藏青色(516)、灰色(15)

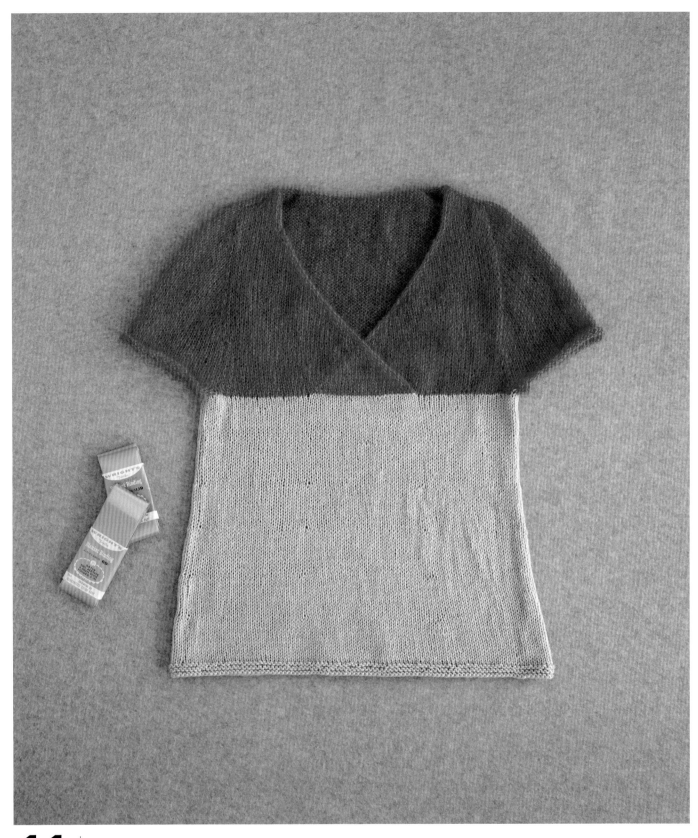

11 | 交叉领双色拼接短袖套头衫

前领加针部分向左侧多编织几针的话，就会变成两端重叠在一起的设计。这款套头衫是用纤细的马海毛线和质量上乘的棉毛线编织而成，形成的反差很大。

设计：笠间 绫　制作：左藤广美　毛线：芭贝

Color sample

KID MOHAIR FINE2P × PRINCESS ANNY

咖啡色（9）、亮灰色（546）

从上往下：灰色（15）、紫色（550）

制作方法 | 70页

12 | 阔U领套头衫

下摆和袖口处的开衩设计,令这件套头衫休闲风十足。苏格兰呢质地的毛线,也使其穿起来更舒适。
超大的U领和宽松的线条,搭配衬衣等穿戴也非常好看。

设计：佐野 光
制作：平野亮子
毛线：和麻纳卡

制作方法 | 72页

制作方法 | **74** 页

13 | A形蕾丝边马海毛套头衫

下摆和袖口处使用扇贝花样的蕾丝饰边设计，
令穿着之人更显温柔气质。轻薄的质地，可
以从初秋一直搭配穿到早春时节，非常实用。

设计：佐野 光
制作：青野美纪
毛线：和麻纳卡

14 | 及膝长开衫

这款存在感很强的开衫，滑针编织的交叉斜花纹是一大亮点，能给人留下深刻的印象。在袖口处把宽松的衣袖束起来就变成了灯笼袖的款式。

设计、制作：yohnka　毛线：芭贝

制作方法 | 76页

15 粗线编织的长外套

添加色彩艳丽的粉色毛线编织的小口袋，成为这款设计简洁的毛衣的亮点，穿在身上感觉非常温暖。

设计：野口智子　制作：池上 舞　毛线：AVRIL

制作方法 | 82页

16 | 迷你口袋短开衫

白色开衫上装饰了3种颜色的线条,使毛衣的亮点更加突出,看起来十分可爱。在平常穿着时,肯定会费心思去琢磨:在上面的小口袋里放点什么装饰好呢?

设计、制作:野口智子　毛线:AVRIL

制作方法 | 84页

编织方法 | 86 页

17 | 中性风中长款开衫

把藏青色和蓝色毛线直接并在一起编织,手感很好,长长的毛衣披在身上,会散发出一种酷酷的男孩子气息。

设计:风工房

毛线:和麻纳卡

制作方法 | 86 页

18 中性风短开衫

把酒红色和灰色毛线直接并在一起编织,衣长比40页开衫的衣长短。缝在外面的口袋可根据毛衣的尺寸调整。

设计:风工房
毛线:和麻纳卡

19 | 暖色调秋款套头衫

秋天的丝丝凉意降临时，穿上这款暖色调的套头衫会突然有一种好想恋爱的感觉呢！这款套头衫有着非常简洁的设计，适合日常搭配。
设计：风工房　毛线：AVRIL

制作方法 | 79页

20 | 大圆领纯色套头衫

朴素的燕麦色套头衫，非常适合在休息日穿着。质感轻柔，穿起来也非常舒服。
设计：风工房　毛线：AVRIL

制作方法 | 81页

制作方法 | 88页

21 | 配色花样V领套头衫

在套头衫中嵌入并排的小方块花样，做排骨针和下针编织的话，会增加套头衫整体的休闲感。

设计、制作：冈本真希子
毛线：芭贝

22 | 泡泡袖卷边毛衫

用带有鲜艳彩点的原色线编织扭针交叉花样，是不是看起来很别致? 肩膀处简洁的泡泡袖, 也能够增添一分成熟的美感。

设计、制作: 冈本真希子
毛线: 芭贝

制作方法 | **90**页

制作方法 49 页

23 | 高领披肩

如果披肩加上肩部设计，穿起来会非常方便吧
可以尝试着把2种不同颜色的细毛线直接并
一起，在胸前编织交叉花样。因为使用的是
毛线，所以穿在身上也会感觉很轻柔、暖和。

设计、制作：杉山智
毛线：AVRIL

23 高领披肩 图片见 48 页

●编织材料:
毛线…AVRIL PURELUMN L 米色(80)65g、蓝色(37)65g
棒针…6号、4号环针(60cm)

●编织密度:
10cm×10cm面积内:下针编织24针,34.5行

●成品尺寸:
衣长37cm

●编织要点:
L号:米色和蓝色线各取1根直接并在一起开始编织。领窝开始手指挂线起针,按照编织图所示,加针编织的同时,做下针编织和编织花样,织成环形。在下摆处换不同型号的棒针,在之前编织花样位置减针后,编织双罗纹针。编织终点处休针。从领窝开始挑针,用双罗纹针编织衣领,做伏针收针。

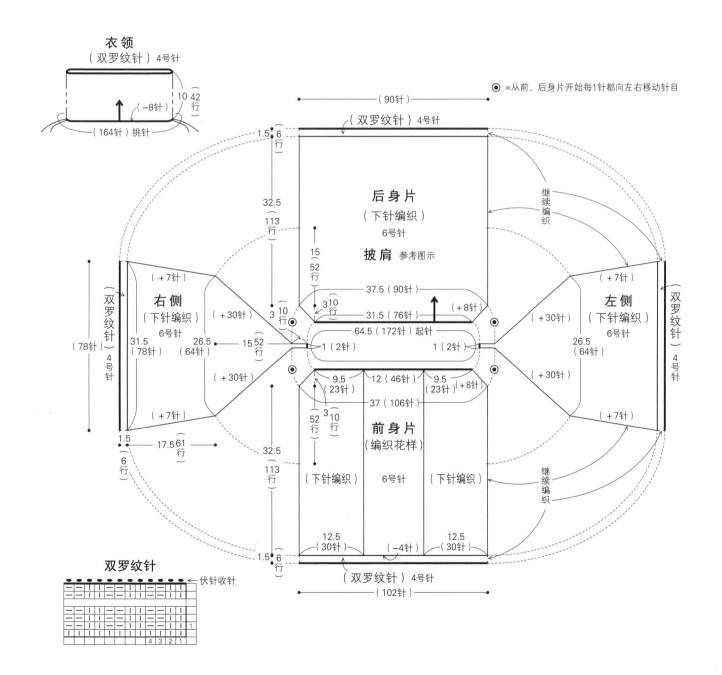

衣领
(双罗纹针)4号针
10 42行
(-8针)
(164针)挑针

⊙=从前、后身片开始每1针都向左右移动针目

后身片
(下针编织)
6号针
披肩 参考图示

(双罗纹针)4号针
(90针)

1.5 6行
32.5
113行
15(52行)
3 10行
37.5(90针)
31.5(76针)
64.5(172针)起针
1(2针)
1(2针)

右侧
(下针编织)
6号针
(+7针)
(+30针)
(+30针)
(+7针)
31.5(78针)
26.5(64针)
15 52行

左侧
(下针编织)
6号针
(+7针)
(+30针)
(+30针)
(+7针)
26.5(64针)

双罗纹针
4号针
(78针)

双罗纹针
4号针

继续编织

9.5(23针)
12(46针)
9.5(23针)(+8针)
37(106针)
(+8针)

前身片
(编织花样)
6号针
(下针编织)
(下针编织)
52行
3 10行
32.5
113行

1.5
17.5 61行
6行
1.5 6行

12.5(30针)
(-4针)
12.5(30针)
(双罗纹针)4号针
(102针)

双罗纹针
伏针收针
4 3 2 1
1

继续编织

编织花样

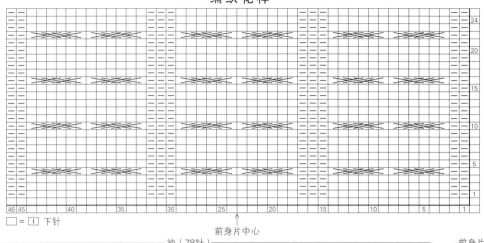

□ = Ｉ 下针

前身片中心

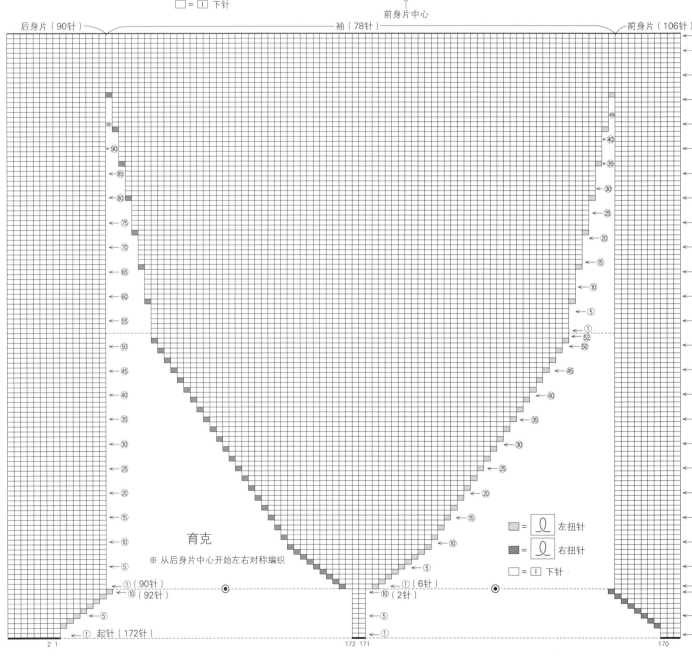

后身片（90针）　　　　　　　　　　　　袖（78针）　　　　　　　　　　　　前身片（106针）

育克

※ 从后身片中心开始左右对称编织

① （90针）
⑩ （92针）
⑤
① 起针（172针）

① （6针）
⑩ （2针）
⑤
①

左扭针

右扭针

□ = Ｉ 下针

03 [on the beach] M 图片见10页

●编织材料：
毛线…和麻纳卡 EXCIDE WOOL L（中粗）亮灰色（327）210g/6
团、烟熏绿色（347）190g/5团
棒针…6号环针（60cm或80cm）、6号4根针

●编织密度：
10cm×10cm面积内：下针条纹18针，26行

●成品尺寸：
胸围96cm，衣长60cm，袖长70cm

●编织方法：
育克…领窝开始手指挂线起针，参照育克编织图，编织下针条纹。编织起点处是往返编织，从V领尖开始环形编织。育克分前身片、后身片和袖子编织，最后在衣袖处休针。

身片、衣袖…前、后身片的腋下从锁针的起针处挑针，连着育克环形编织。把育克和腋下处起针的锁针拆开后挑针，环形编织衣袖。胁部、袖下的1针编织上针，然后参照编织图加减针。编织终点编织上针的同时做伏针收针。

编织说明请参照12页。

＊ 育克图在 14 页

⊛ ＝在袖山的第1行，从前、后身片开始，自衣袖一侧每1针移动1次

※全部编织下针条纹

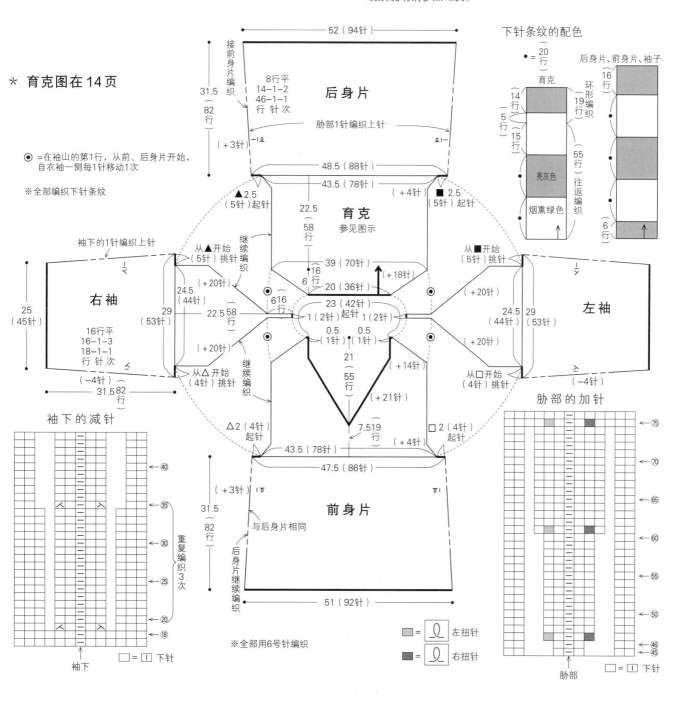

51

01 [on the beach] XS 图片见 8 页

●编织材料:
毛线…和麻纳卡 EXCIDE WOOL L(中粗) 砖红色(309)235g/6
团、浅褐色(331)60g/2团
棒针…6号环针(60cm或80cm)、6号4根针

●编织密度:
10cm×10cm面积内:下针编织18针,26行

●成品尺寸:
胸围 75cm,衣长52.5cm,连肩袖长52cm

●编织方法:
育克…领窝开始手指挂线起针,育克参照编织图,做下针编织。编织起点处是往返编织,从V领尖开始环形编织。育克分别做前身片、后身片和袖子编织,最后在衣袖处休针。
身片、衣袖…前、后身片的腋下从锁针的起针处挑针,连着育克环形编织。把育克和腋下起针的锁针拆开后挑针,环形编织衣袖。胁部、袖下的1针编织上针,然后参照编织图加减针。在下摆、袖口换成其他颜色线编织花样,袖下是在编织花样第1行编织上针减针。编织终点编织上针的同时做伏针收针。从衣领一周开始挑针,编织上针的同时做伏针收针。

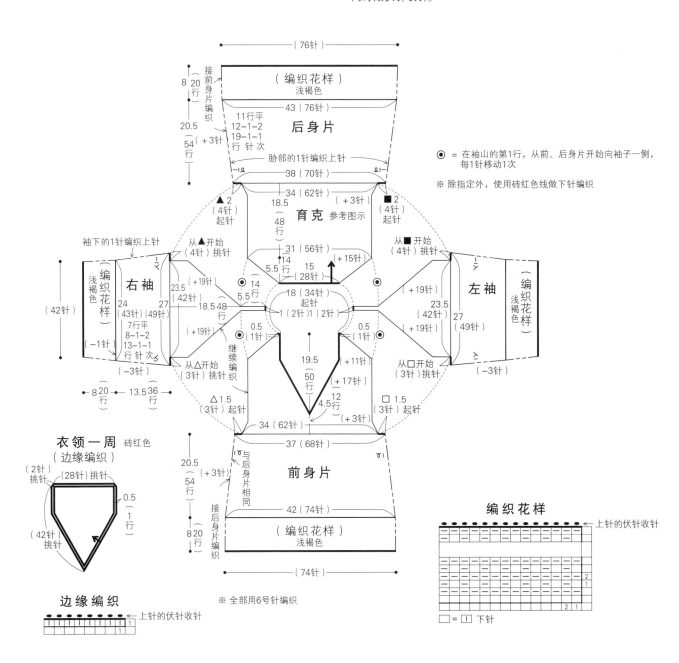

◉ = 在袖山的第1行,从前、后身片开始向袖子一侧,每1针移动1次

※ 除指定外,使用砖红色线做下针编织

□ = 下针

※ 全部用6号针编织

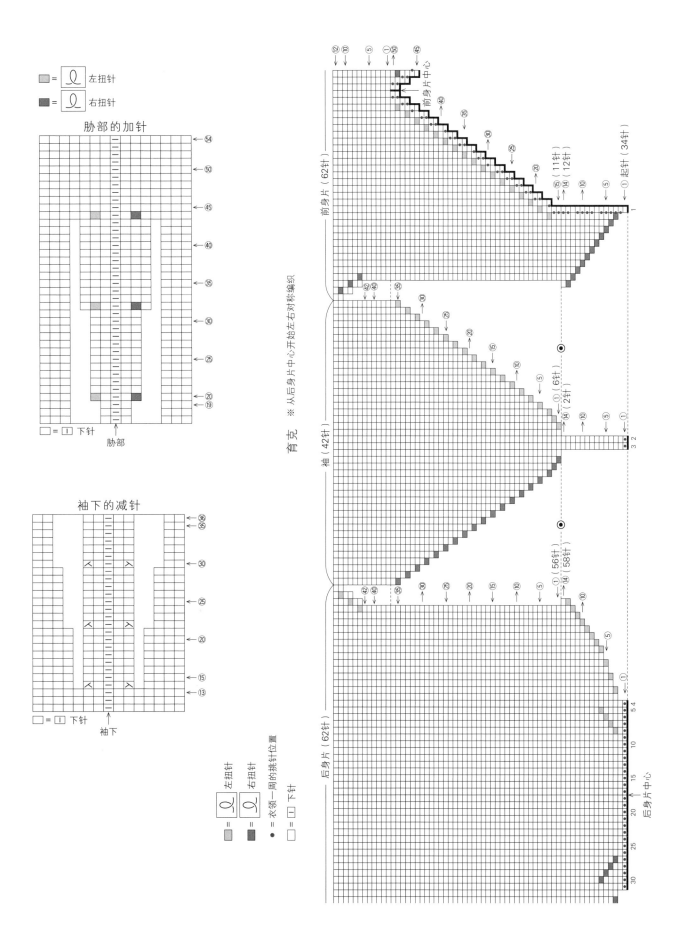

胁部的加针

□ = □ 下针

袖下的减针

□ = □ 下针

= 左扭针

= 右扭针

= 左扭针

= 右扭针

= 衣领一周的挑针位置

□ = □ 下针

53

02 [on the beach] S 图片见 9 页

● 编织材料：
毛线…和麻纳卡 EXCIDE WOOL L（中粗） 米色（302）280g/7团、
深咖啡色（305）80g/2团
棒针…6号环针（60cm或80cm）、6号4根针
● 编织密度：
10cm×10cm面积内：下针条纹18针，26行
● 成品尺寸：
胸围85cm，衣长54.5cm，连肩袖长63cm

● 编织方法：
育克…领窝开始手指挂线起针，育克参照编织图，做下针编织。编织
起点处是往返编织，从V领尖开始环形编织。育克分别做前身片、后
身片和袖子编织，最后在衣袖处休针。
身片、衣袖…前、后身片的腋下从锁针的起针处挑针，连着育克环形
编织。把育克和腋下起针的锁针拆开后挑针，环形编织衣袖。胁部、
袖下的1针编织上针。袖下按照图示减针编织。下摆和袖口是平针
织3行起伏针，编织上针的同时做伏针收针。

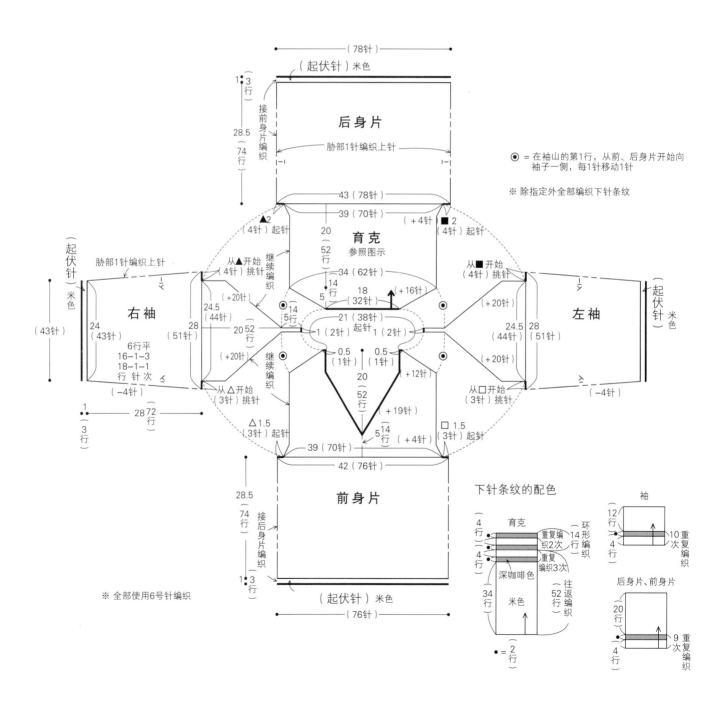

⊙ ＝ 在袖山的第1行，从前、后身片开始向
袖子一侧，每1针移动1针

※ 除指定外全部编织下针条纹

54

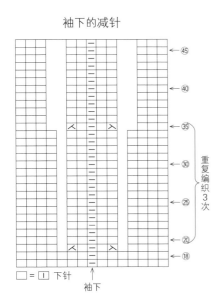

袖下的减针

← 45
← 40
← 35 ⎫
← 30 ⎬ 重复编织3次
← 25 ⎪
← 20 ⎭
← 18

□ = 「一」下针
袖下

起伏针

上针的伏针收针 →
2
1
1

□ = 左扭针
□ = 右扭针
□ = 「□」下针

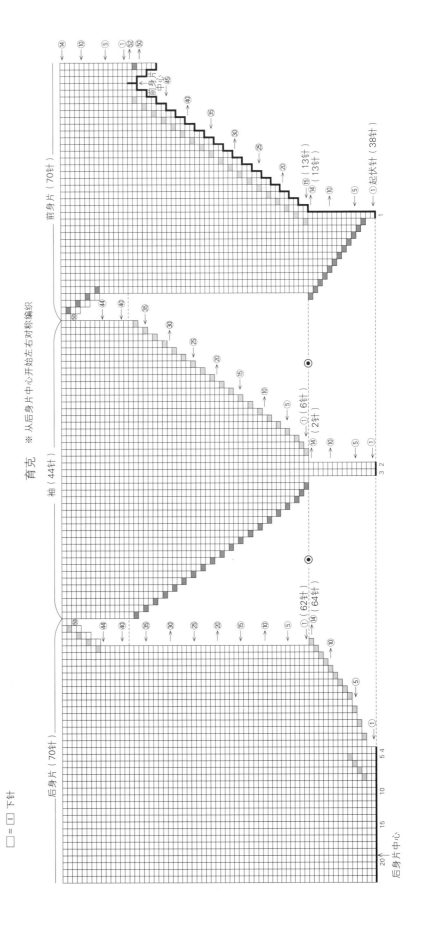

前身片（70针）

前身片
前中心

⑭ ⑩ ⑤ ① ㊾ ㊿

㊵
㉟
㉚
㉕
㉜
⑮ （13针）
⑭ （13针）
⑩
⑤
① 起伏针（38针）
① 起伏针（38针）

1

育克 ※从后身片中心开始左右对称编织

袖（44针）

㊿ ㊸ ㊵ ㉟
㉚
㉕
⑳
⑮
⑩
⑤
① （6针）
⑭ （2针）
⑩
⑤
①

3 2

后身片（70针）

㊿ ㊸ ㊵ ㉟ ㉚ ㉕ ⑳ ⑮ ⑩ ⑤
① （62针）
⑭ （64针）

⑩
⑤
①

5 4

10
15
20↑
后身片中心

04 [on the beach] L 图片见 20 页

●编织材料：
毛线…和麻纳卡 EXCIDE WOOL L（中粗）黄色（316）360g/9团
棒针…6号环针（60cm或80cm）、6号4根针
●编织密度：
10cm×10cm面积内：下针编织18针，26行
●成品尺寸：
胸围105cm，衣长55cm，连肩袖长59cm

●编织方法：
育克…领窝开始手指挂线起针，参照育克编织图，做下针编织。编织起点处往返编织，从V领尖开始环形编织。育克分别做前身片、后身片和袖子编织，最后在衣袖处休针。
身片、衣袖…前、后身片的腋下从锁针的起针处挑针，连着育克环形编织。把育克和腋下起针的锁针拆开后挑针，环形编织衣袖。胁部、袖下的1针编织上针，胁部参照图示加针编织。下摆、袖口做编织花样，编织终点在编织上针的同时做伏针收针。从衣领一周开始挑针，编织上针的同时做伏针收针。

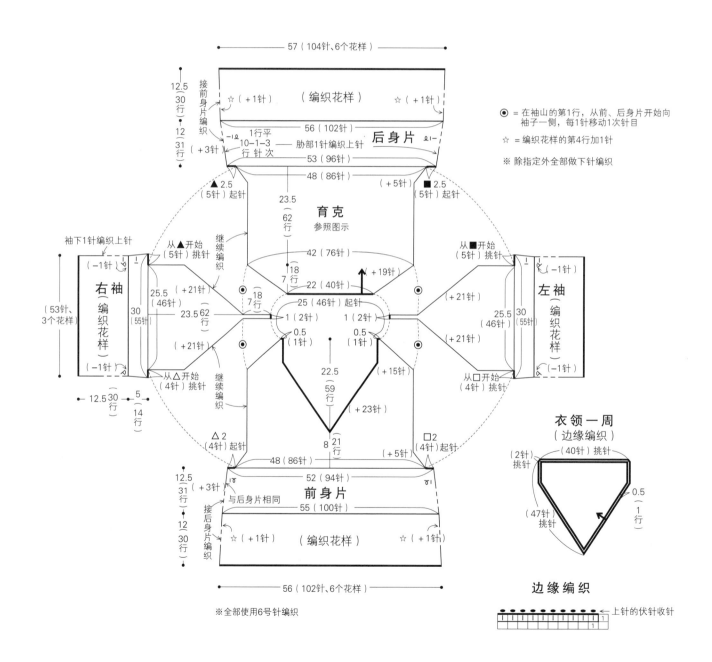

◉ = 在袖山的第1行，从前、后身片开始向袖子一侧，每1针移动1次针目

☆ = 编织花样的第4行加1针

※ 除指定外全部做下针编织

※全部使用6号针编织

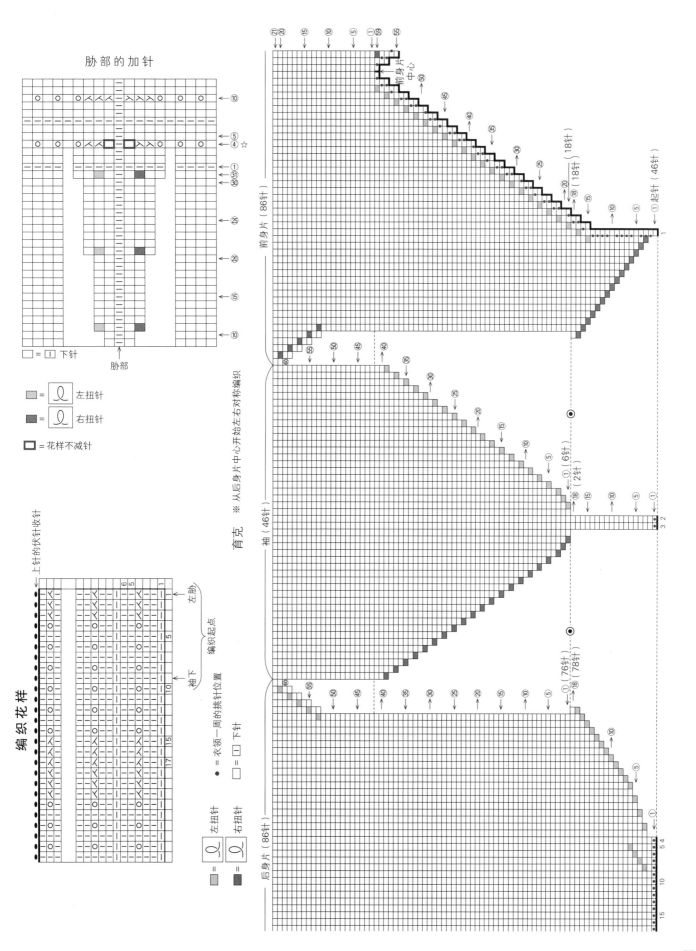

胁部的加针

□ = □ 下针

■ = ℓ 左扭针

■ = ℓ 右扭针

□ = 花样不减针

胁部

育克 ※从后身片中心开始左右对称编织

前身片（86针）

袖（46针）

后身片（86针）

编织花样

上针的伏针收针

左胁

编织起点

袖下 ← 衣领一周的挑针位置

□ = □ 下针

● = 衣领一周的挑针位置

■ = ℓ 左扭针

■ = ℓ 右扭针

05 [on the beach] XL 图片见 21 页

●编织材料:

毛线…和麻纳卡 EXCIDE WOOL L（中粗）灰色（328）370g/10
团，蓝色（348）130g/4团，黄色（316）30g/1团

棒针…6号环针（60cm或80cm）、6号4根针

●编织密度:

10cm×10cm面积内：下针编织18针，26行

●成品尺寸:

胸围115cm，衣长71cm，连肩袖长84.5cm

●编织方法:

育克…领窝开始手指挂线起针，参照育克编织图，做下针编织。编织
起点处往返编织，从V领尖开始环形编织。育克分别做前身片、后身
片和袖子编织，最后在衣袖处休针。

身片、衣袖…前、后身片的腋下从锁针的起针处挑针，连着育克环形
编织。把育克和腋下起针的锁针拆开后挑针，环形编织衣袖。胁部、
袖下的1针编织上针。袖下按照图示减针编织。下摆、袖口在胁部、袖
下的上针减针编织，做编织花样B。编织终点在编织上针的同时做伏
针收针。从衣领一周开始挑针，编织上针的同时做伏针收针。

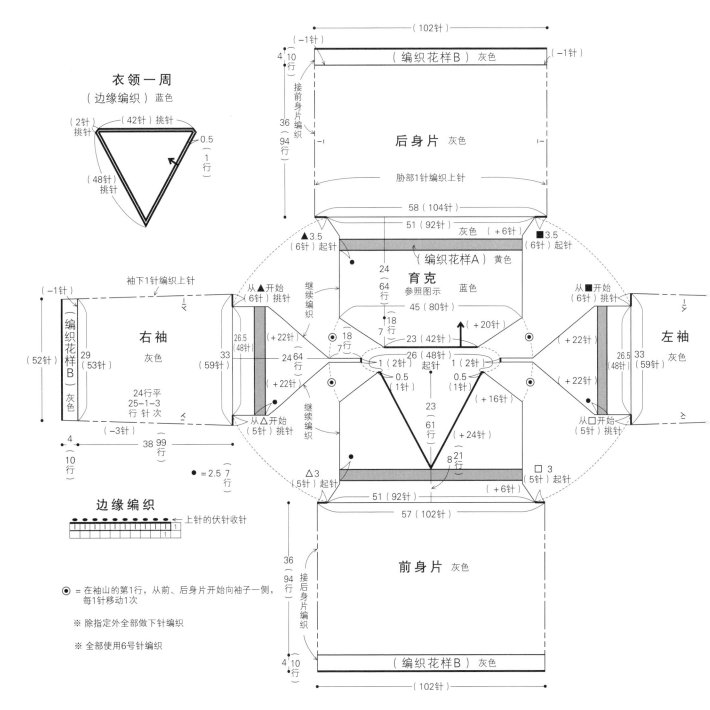

58

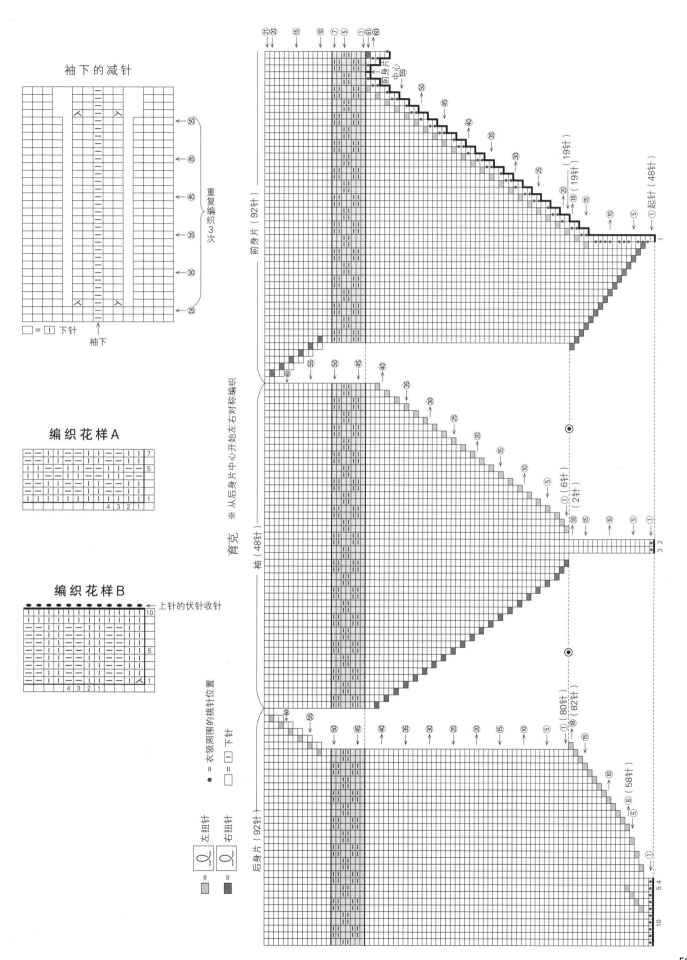

袖下的减针

次3次织编重复编织

□ = ① 下针

袖下

编织花样A

								7
								5
							1
	4	3	2	1		

编织花样B

上针的伏针收针

							10
						5
					1
4	3	2	1

= 左扭针
= 右扭针

● = 衣领周围的挑针位置

□ = ① 下针

前身片（92针）

育克 ※从后身片中心开始左右对称编织

袖（48针）

后身片（92针）

● 编织材料：
毛线…AVRIL WOOL人造毛线 卡其色（302）220g，蓝色（306）40g
棒针…8号、6号环针（60cm或80cm），8号、6号4根针

● 编织密度：
10cm×10cm面积内：下针条纹17.5针，28行

● 成品尺寸：
胸围97cm，衣长62.5cm，连肩袖长约73cm

● 编织方法：
育克…领窝开始手指挂线起针，参照育克编织图和编织下针条纹。编织起点处往返编织，从V领尖开始环形编织，在下一个更换毛线颜色的地方，把行的起点移动到左袖和后身片的接头处。育克分别做前身片、后身片和袖子编织，最后在衣袖处休针。
身片、衣袖…前、后身片腋下从锁针的起针处挑针，连着育克环形编织。把育克和腋下起针的锁针拆开后挑针，环形编织衣袖。胁部、袖下的1针编织上针，然后参照编织图加减针。下摆、袖口编织3行起伏针，然后编织上针的同时做伏针收针。从衣领一周开始挑针，编织上针的同时做伏针收针，V领尖编织2针并1针。

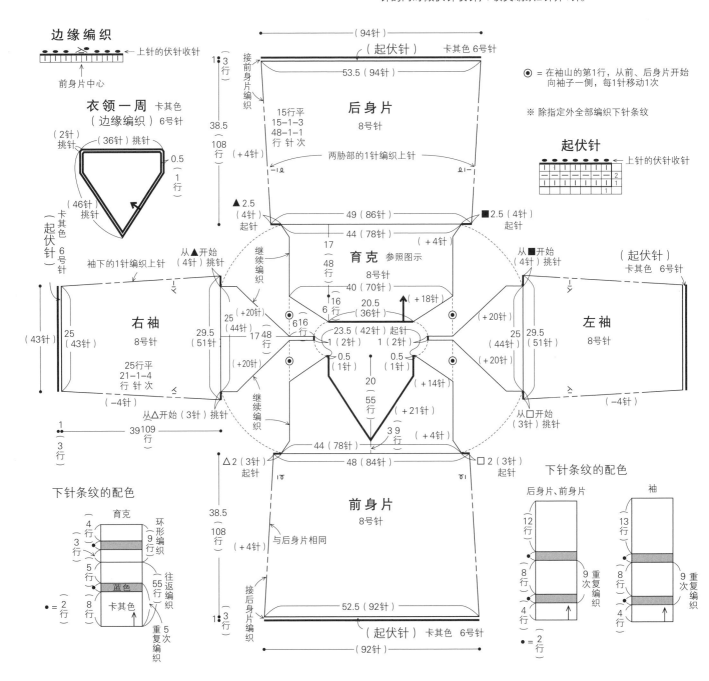

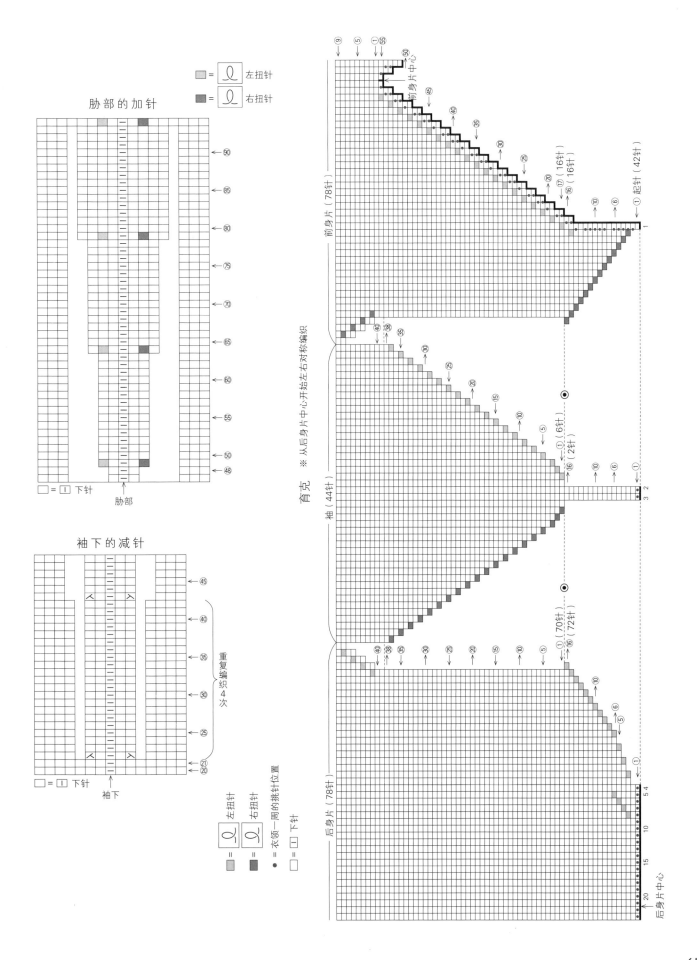

胁部的加针

□ = 左扭针
■ = 右扭针

□ = 下针

胁部

袖下的减针

重复编织4次

□ = 下针

袖下

□ = 左扭针
■ = 右扭针

□ = 下针

□ = 衣领一周的挑针位置

前身片（78针）

前身片中心

育克 ※从后身片中心开始左右对称编织

袖（44针）

起针（42针）

①（16针）
⑯（16针）

①（6针）
⑯（2针）

①（70针）
⑯（72针）

后身片（78针）

后身片中心

07 | 元气满满的多色条纹套头衫 图片见 **24** 页

●编织材料:
毛线⋯AVRIL CROSS BREAD 白色(01)75g, 银灰色(02)70g,
柠檬黄色(04)60g, 蓝墨水色(05)55g, 葡萄紫色(06)60g, 橘黄
色(24)35g
棒针⋯10号、9号环针(60cm或80cm), 10号、9号、8号4根针
●编织密度:
10cm×10cm面积内: 下针条纹18针, 27行
●成品尺寸:
胸围96cm, 衣长61cm, 连肩袖长71cm
●编织方法:
育克⋯领窝开始手指挂线起针, 参照育克编织图, 编织下针条纹。编

织起点处往返编织, 前领窝中间插入棒针后起针(参考92页), 环形
编织。在下一个更换毛线颜色的地方, 把行的起点移动到左袖和后
身片的接头处。编织好育克后, 分别做前身片、后身片和袖子编织,
最后在衣袖处休针。
身片、衣袖⋯前、后身片的腋下从锁针的起针处挑针, 连着育克环形
编织。把育克和腋下起针的锁针拆开后挑针, 环形编织衣袖。胁部、
袖下的1针编织上针, 然后参照各自的编织图加减针。下摆、袖口编织
双罗纹针, 编织终点做双罗纹针休针。从衣领一周挑针, 编织上针的
同时做伏针收针。编织2片织片当作口袋使用, 然后和毛衣的条纹对
齐, 缝到图中所示位置。

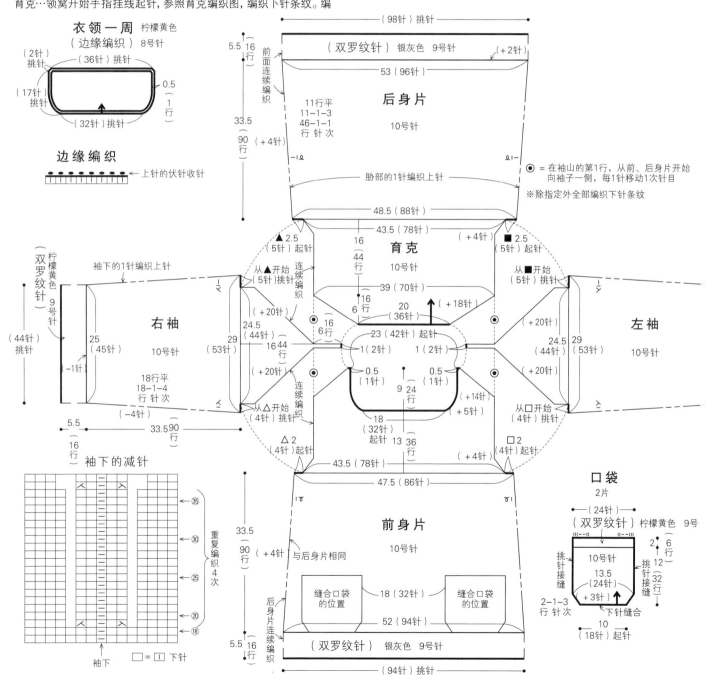

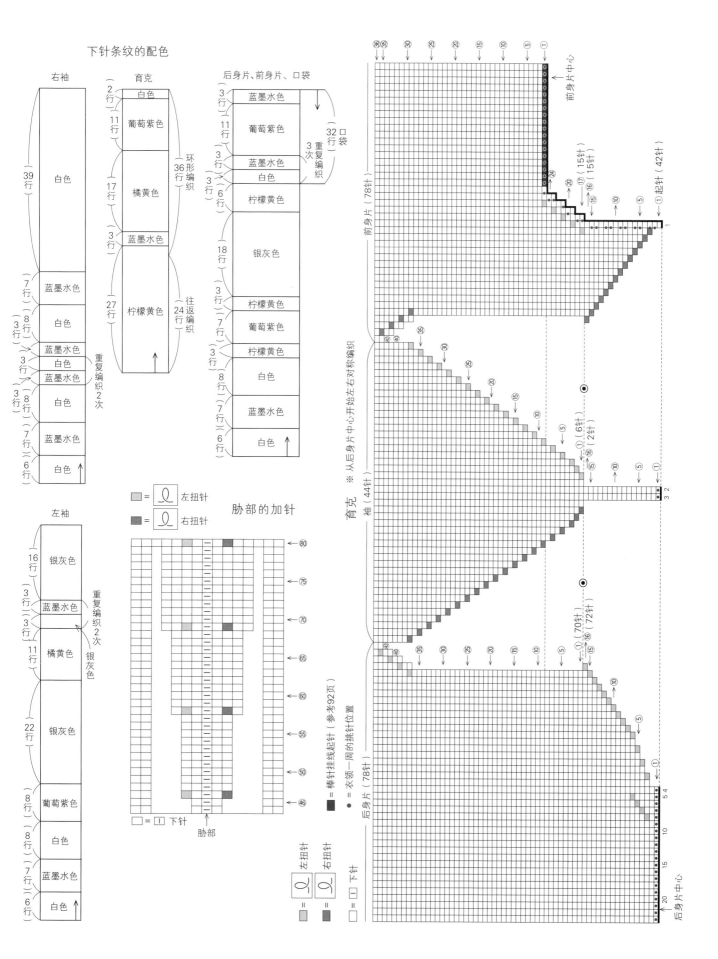

下针条纹的配色

右袖
（39行）白色
（7行）蓝墨水色
（8行）白色
（3行）蓝墨水色
（3行）白色
（3行）蓝墨水色
（8行）白色
（7行）蓝墨水色
（6行）白色
重复编织2次

育克
（2行）白色
（11行）葡萄紫色
（17行）橘黄色
（3行）蓝墨水色
（27行）柠檬黄色
环形编织36行
往返编织24行

后身片、前身片、口袋
（3行）蓝墨水色
（11行）葡萄紫色
（3行）蓝墨水色
（3行）白色
（6行）柠檬黄色
（18行）银灰色
（3行）柠檬黄色
（7行）葡萄紫色
（3行）柠檬黄色
（8行）白色
（7行）蓝墨水色
（6行）白色
3次重复编织
袋口32针

左袖
（16行）银灰色
（3行）蓝墨水色
（3行）银灰色
（11行）橘黄色
（22行）银灰色
（8行）葡萄紫色
（8行）白色
（7行）蓝墨水色
（6行）白色
重复编织2次

□ = 左扭针
□ = 右扭针

胁部的加针

□ = ① 下针
胁部

左扭针
右扭针
□ = 下针

■ = 棒针挂线起针（参考92页）
● = 衣领一周的挑针位置

育克 ※从后身片中心开始左右对称编织

前身片中心
前身片（78针）
①起针（42针）
②④
⑰（15针）⑯（15针）
⑩ ⑤ ①起针

袖（44针）

①（6针）⑯（2针）
①（70针）⑯（72针）

后身片（78针）

后身片中心

08 | 粗马海毛松软套头衫 图片见 26 页

●编织材料：
毛线…AVRIL MOHAIR TAMU 粉色（34）110g，浅咖啡色（03）65g，蓝灰色（32）45g
棒针…15号、13号环针（60cm或80cm），15号、13号4根针
●编织密度：
10cm×10cm面积内：下针条纹12针，18行
●成品尺寸：
胸围95cm，衣长62.5cm，连肩袖长72cm

●编织方法：
育克…领窝开始手指挂线起针，参照育克编织图，编织下针条纹。编织起点处往返编织，前领窝中间插入棒针后起针（参考92页），环形编织。在下一个更换毛线颜色的地方，把行的起点移动到左袖和后身片的接头处。编织好育克后，分别做前身片、后身片和袖子编织，最后在衣袖处休针。

身片、衣袖…前、后身片的腋下从锁针的起针处挑针，连着育克环形编织。把育克和腋下起针的锁针拆开后挑针，环形编织衣袖。胁部、袖下的1针编织上针，然后参照编织图加减针编织。下摆、袖口编织双罗纹针，编织终点做伏针收针。从衣领一周开始挑针，编织上针的同时做伏针收针。

⊙ = 在袖山的第1行，从前、后身片开始向袖子一侧，每1针移动1次

※ 除指定外全部编织下针条纹

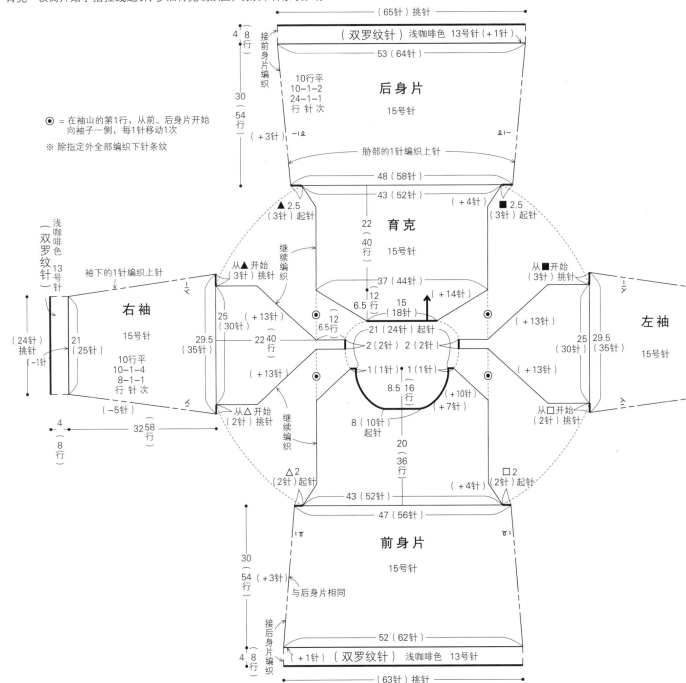

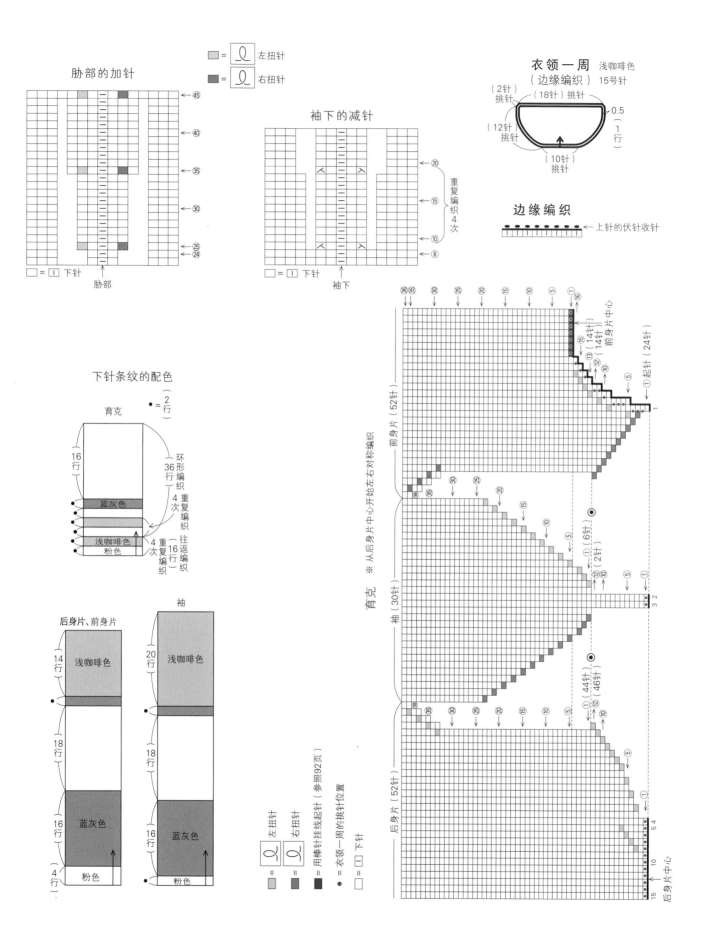

09 | 清爽的糖果色条纹袖套头衫 图片见 27 页

●编织材料：

毛线…AVRIL WOOL PENI 绿松石色（03）40g，柠檬绿色（04）40g，麦芽白色（06）180g。

棒针…6号、5号环针（60cm或80cm），6号、5号4根针

●编织密度：

10cm×10cm面积内：下针条纹25针，34行

●成品尺寸：

胸围89cm，衣长58.5cm，连肩袖长69cm

●编织方法：

育克…领窝开始手指挂线起针，参照育克编织图，编织下针条纹。编

织起点处往返编织，从V领尖开始环形编织后，在下一个更换毛线颜色的地方，把行的起点移动到左袖和后身片的接头处。育克分别做前身片、后身片和袖子编织，最后在衣袖处休针。

身片、衣袖…前、后身片的腋下从锁针的起针处挑针，连着育克进行环形编织。把育克和腋下起针的锁针拆开后挑针，环形编织衣袖。胁部、袖下的1针编织上针，然后参照编织图加减针编织。下摆、袖口编织双罗纹针，编织终点做双罗纹针收针。从领口开始挑针，编织上针的同时做伏针收针。

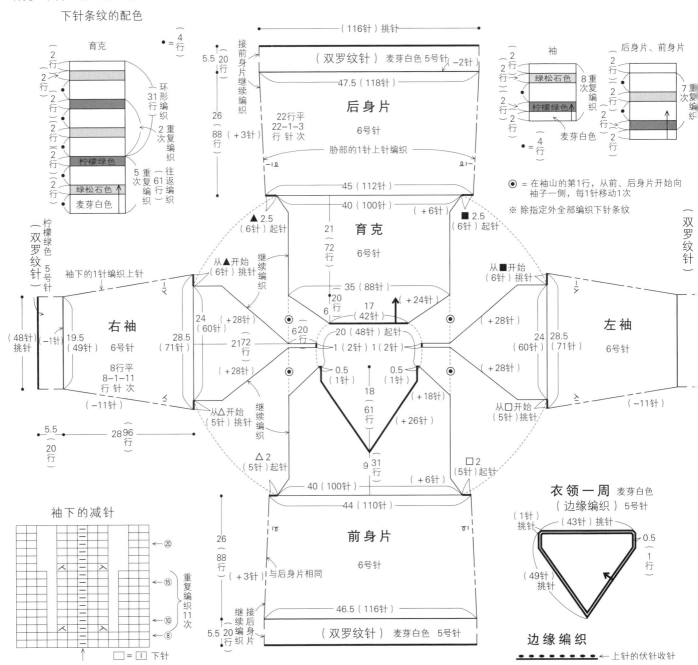

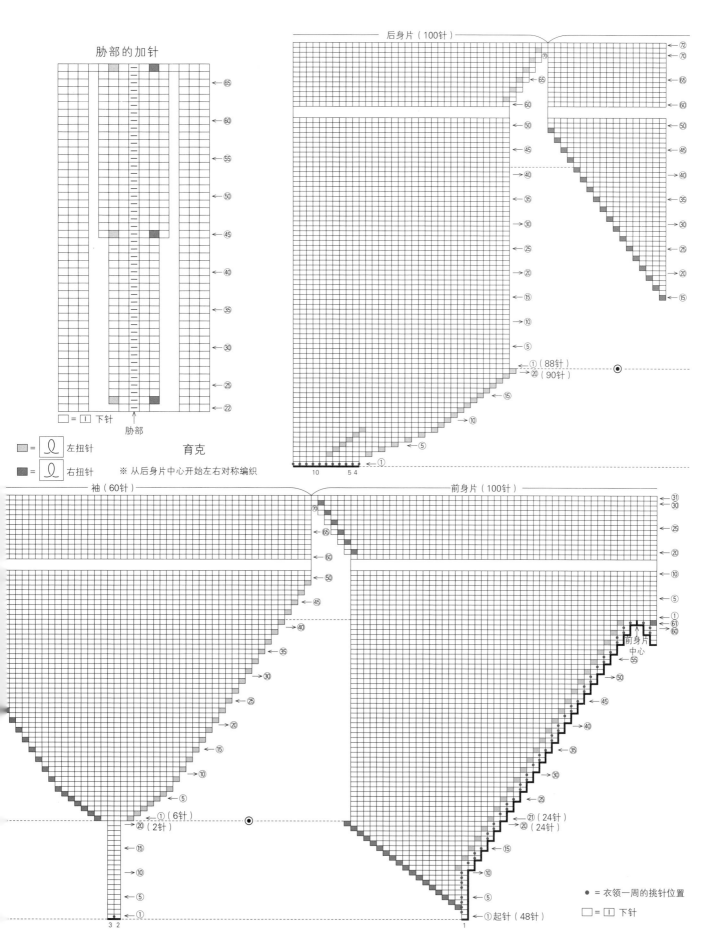

胁部的加针

□ = [Ⅰ] 下针

脑部

育克

= [ℓ] 左扭针
= [ℓ] 右扭针
※ 从后身片中心开始左右对称编织

后身片（100针）

①（88针）
⑳（90针）

袖（60针）

前身片（100针）

前身片中心

①（6针）
⑳（2针）

①（24针）
⑳（24针）

①起针（48针）

● = 衣领一周的挑针位置

□ = [Ⅰ] 下针

10 女人味十足的喇叭边套头衫 图片见 28 页

●编织材料:
毛线…芭贝 KID MOHAIR FINE 白色(1)15g/1团, 蓝色(53)45g/2
团; PRINCESS ANNY 灰色(518)150g/4团
棒针…8号环针(60cm或80cm), 8号4根针; 钩针…6/0号
●编织密度:
10cm×10cm面积内: 下针编织KID MOHAIR FINE(1根)18针,
28行(2根线)17针, 24针; PRINCESS ANNY 19针, 27.5行
●成品尺寸:
胸围81cm, 衣长63.5cm, 连肩袖长约68cm

●编织方法:
育克…领窝开始手指挂线起针, 参照育克编织图, 开始做下针编织。
编织起点处往返编织, 在前领窝的中间从锁针的起针处挑针后, 开
始环形编织, 在图示位置换线。育克分别做前身片、后身片和袖子编
织, 最后在衣袖处休针。
身片、衣袖…前、后身片的腋下从锁针的起针处挑针, 连着育克做环
形编织。把育克和腋下起针的锁针拆开后挑针, 环形编织衣袖。胁
部、袖下的1针编织上针, 然后参照各自的编织图加减针编织。在图
中所示位置, 用2根蓝色线换线后无加减针编织。下摆、袖口编织3行
起伏针, 编织上针的同时做伏针收针。衣领一周编织引拔针调整。

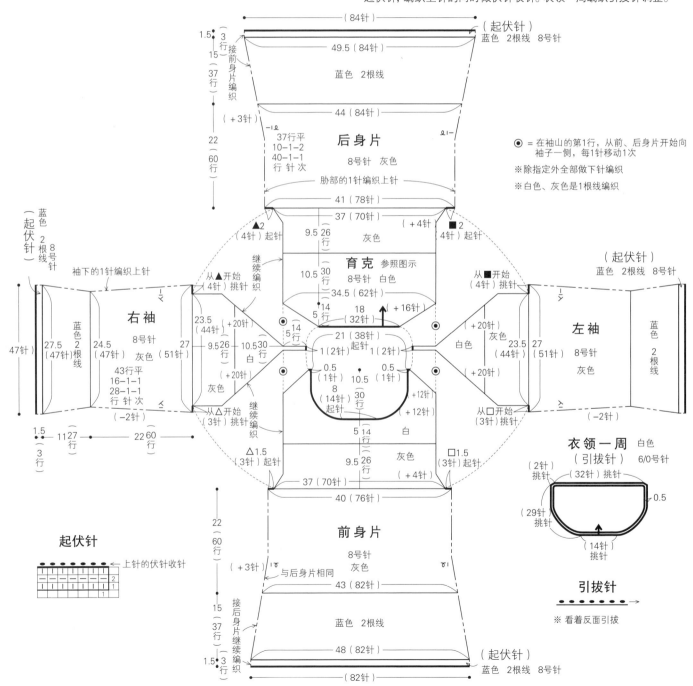

◉ = 在袖山的第1行, 从前、后身片开始向
袖子一侧, 每1针移动1次

※除指定外全部做下针编织

※白色、灰色是1根线编织

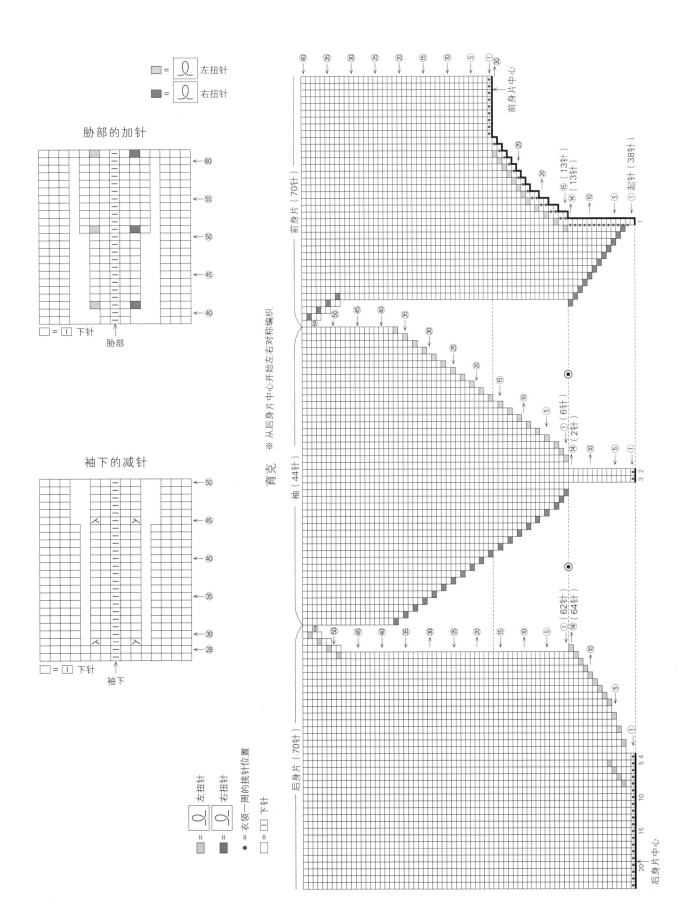

左扭针

右扭针

胁部的加针

□ = ① 下针

胁部

袖下的减针

□ = ① 下针

袖下

育克 ※从后身片中心开始左右对称编织

袖（44针）

前身片（70针）

前身片中心

⑤ (13针) (13针)

① 起针（38针）

① (6针)

① (2针)

① (62针)
① (64针)

后身片（70针）

后身片中心

左扭针
右扭针

● = 衣领一周的挑针位置

□ = ① 下针

69

11 | 交叉领双色拼接短袖套头衫 图片见30页

●编织材料:
毛线…芭贝 KID MOHAIR FINE 粉色(44)50g/2团; PRINCESS
ANNY 米黄色(528)140g/4团
棒针…8号环针(60cm或80cm)、8号4根针
●编织密度:
10cm×10cm面积内:下针编织KID MOHAIR FINE (2根)17针, 24
行 PRINCESS ANNY 18.5针, 26行
●成品尺寸:
胸围83cm,衣长62cm,连肩袖长38.5cm

●编织方法:
育克…领窝开始手指挂线起针,育克参照编织图,开始做下针编织
的往返编织。育克分别做前身片、后身片和袖子编织,最后在衣袖
处休针。
身片、衣袖…前、后身片的腋下从锁针的起针处挑针,前身片与育克
重叠在一起做环形编织。把育克和腋下起针的锁针拆开后挑针,环
形编织衣袖,做伏针收针。胁部的1针编织上针,然后参照编织图加
针。下摆编织起伏针,编织终点编织上针的同时做伏针收针。

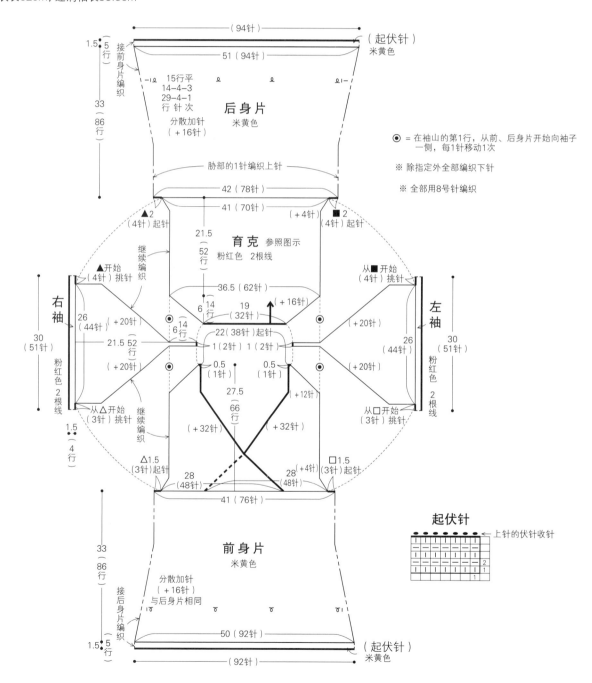

起伏针

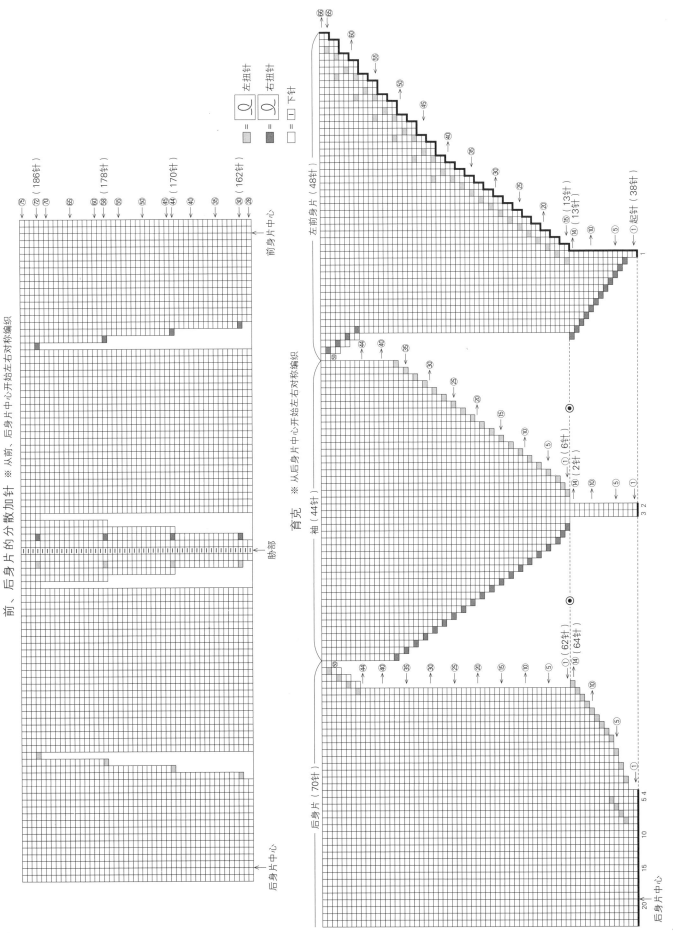

前、后身片的分散加针 ※从前、后身片中心开始左右对称编织

前身片中心

育克 ※从后身片中心开始左右对称编织

左前身片（48针）

袖（44针）

后身片（70针）

后身片中心

Q = 左扭针
Q = 右扭针
□ = □ 下针

12 | 阔U领套头衫 图片见32页

●编织材料:
毛线…和麻纳卡 ARAN TWEED 灰色(3)300g/8团
棒针…10号、8号环针(60cm或80cm),10号、8号4根针

●编织密度:
10cm×10cm面积内:下针编织16针,23行

●成品尺寸:
胸围94cm,衣长55cm,连肩袖长61cm

●编织方法:
育克…领窝开始手指挂线起针,参照育克编织图做下针编织。编织起点处往返编织,前领窝中间插入棒针后起针(参考92页),做环形

编织。育克分别做前、后身片和袖子编织,最后在衣袖处休针。
身片、衣袖…前、后身片的腋下从锁针的起针处挑针,连着育克做环形编织。把育克和腋下起针的锁针拆开后挑针,环形编织衣袖。胁部、袖下的1针编织上针,衣袖按照图示减针。从开口止位开始,在前、后身片和衣袖处分别往返编织,胁部、袖下的上针处编织下针。下摆、袖口是接着身片编织双罗纹针,编织终点用双罗纹针收针。衣领是从领窝开始挑针后,编织双罗纹针,编织终点用双罗纹针收针。

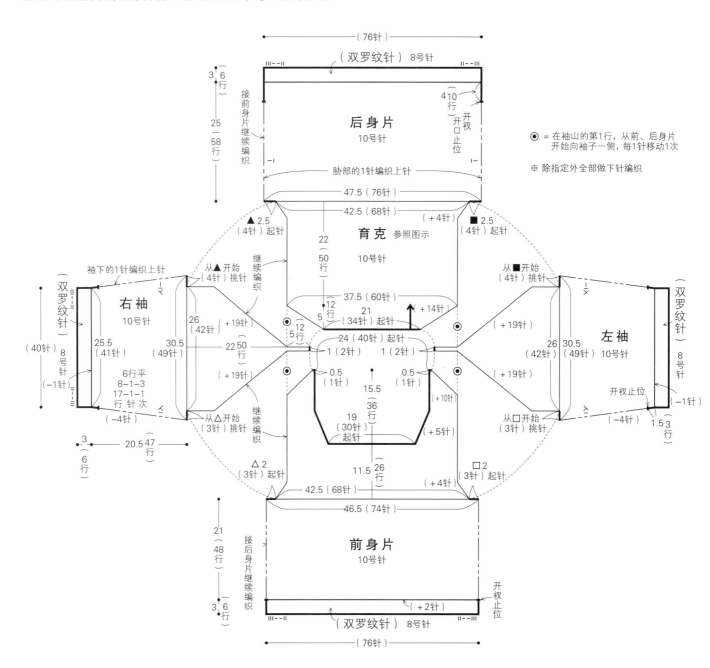

⊙ = 在袖山的第1行,从前、后身片开始向袖子一侧,每1针移动1次

※ 除指定外全部做下针编织

72

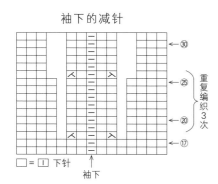

袖下的减针

← 30
← 25
← 20
← 17

织编复重3次

□ = Ⅰ 下针

袖下

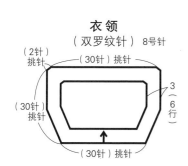

衣领
（双罗纹针）8号针

（2针）挑针
（30针）挑针
（30针）挑针
（30针）挑针

3
6
（行）

双罗纹针

2
1

4 3 2 1

□ = Ⅰ 下针

 = 左扭针
 = 右扭针
 = 棒针挂线起针（参考92页）
 = 衣领一周的挑针位置
□ = Ⅰ 下针

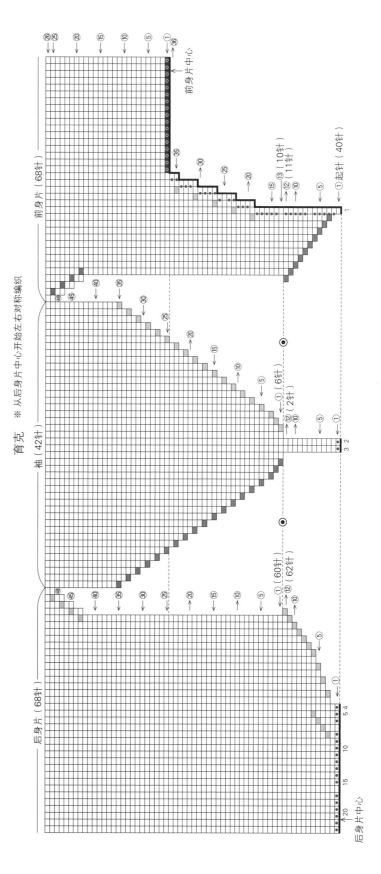

13 | A形蕾丝边马海毛套头衫 图片见33页

●编织材料:
毛线…和麻纳卡 ALPACA MOHAIR FINE 米色(2)160g/7团
棒针…6号环针(60cm或80cm),6号、4号4根针
●编织密度:
10cm×10cm面积内:下针编织18针,30行
●成品尺寸:
胸围87cm,衣长57.5cm,连肩袖长约56cm
●编织方法:
育克…领窝开始手指挂线起针,参照育克编织图做下针编织。编织

起点处往返编织,前领窝中间插入棒针后起针(参考92页),环形编织。育克分别做前身片、后身片和袖子编织,最后在衣袖处休针。
身片、衣袖…前、后身片的腋下从锁针的起针处挑针,连着育克环形编织。把育克和腋下起针的锁针拆开后挑针,环形编织衣袖。胁部、袖下的1针编织上针,然后参照各自的编织图加针编织。下摆、袖口做编织花样,下摆接着胁部的上针继续编织。编织终点做松松的伏针收针。从衣领一周挑针后做伏针收针。

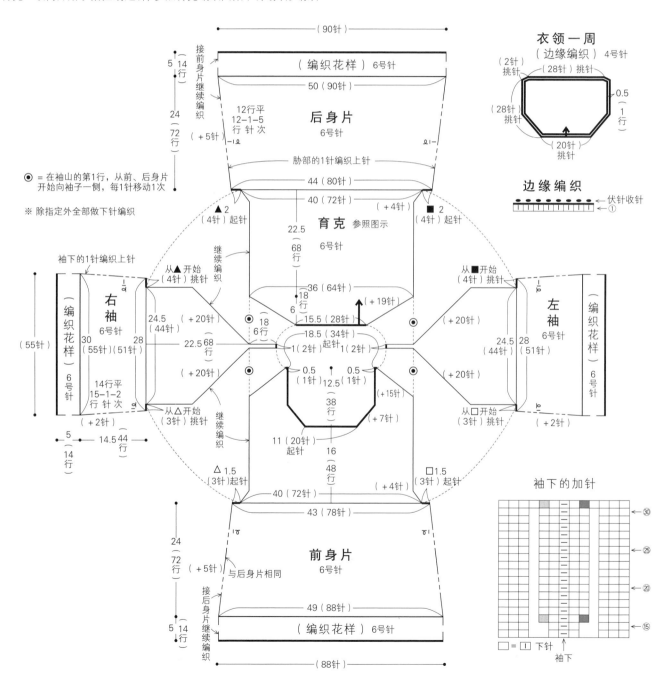

74

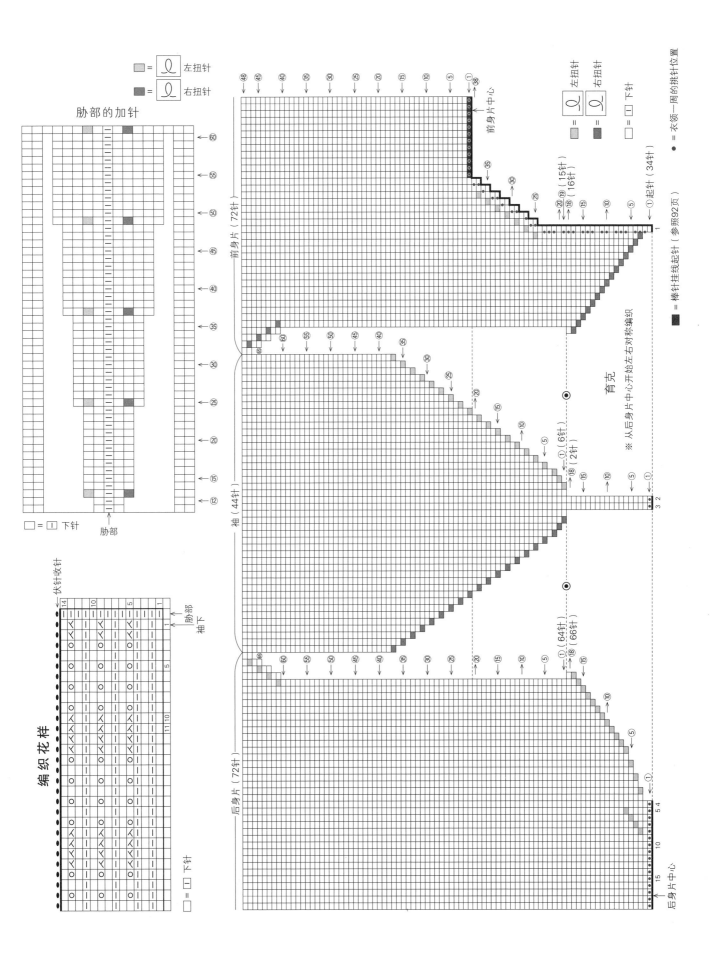

胁部的加针

= 左扭针
= 右扭针

编织花样

伏针收针

□ = 下针

□ = 下针

□ = 下针

□ = 下针

前身片（72针）

袖（44针）

后身片（72针）

育克

※从后身片中心开始左右对称编织

左扭针
右扭针
□ = 下针

■ = 棒针挂线起针（参照92页）

● = 衣领一周的挑针位置

14 及膝长开衫 图片见34页

●编织材料:
毛线…芭贝 CLASSICO 绿色(221)330g/7团, 灰色(218)215g/5团; BOTTONATO 炭灰色(108)20g/1团
棒针…8号、7号环针(60cm或80cm), 8号、7号4根针
其他…直径2cm的纽扣7颗
●编织密度:
10cm×10cm面积内:下针编织18针, 25行
●成品尺寸:
胸围96.5cm, 衣长83.5cm, 连肩袖长73.5cm
●编织方法:
育克…领窝开始手指挂线起针, 育克参照编织图, 做下针编织和编织

花样的往返编织。在左、右身片的前端编织卷针后编织前门襟。右前门襟在编织的同时, 要在图示位置预留出扣眼。育克分别做前、后身片和袖子编织, 最后在衣袖处休针。
身片、衣袖…前、后身片的腋下从锁针的起针处挑针, 从育克开始接着前、后身片, 按照下针条纹、条纹花样、单罗纹针条纹的顺序往返编织。把育克和腋下起针的锁针拆开后挑针, 环形编织衣袖。胁部、袖下的1针编织上针, 然后参照各自编织图加针编织。在身片的口袋位置使用其他颜色的毛线配色编织。下摆和袖口分别减针编织, 做编织花样。编织终点处对齐, 编织下针和上针的同时做伏针收针。抽出口袋处的毛线后挑针, 编织好口袋内层和袋口后缝到身片上。衣领一周挑针后, 编织上针的同时做伏针收针。纽扣缝在左前门襟的位置。

编织花样 (袖口)

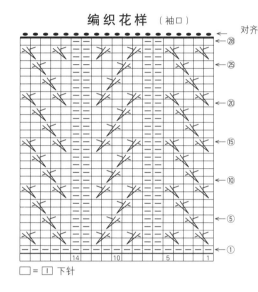

□ = □ 下针

编织花样 (下摆)

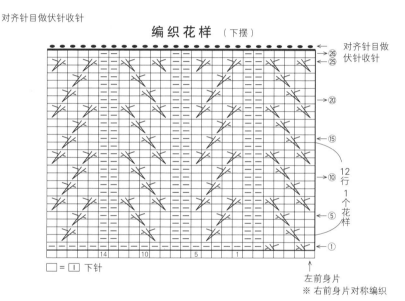

□ = □ 下针

左前身片
※ 右前身片对称编织

扣眼 (右前身片)

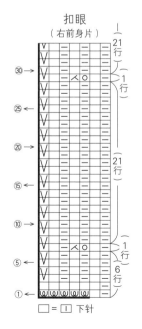

□ = □ 下针

编织花样 (袋口)

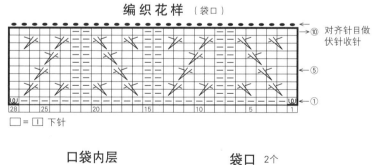

□ = □ 下针

口袋内层

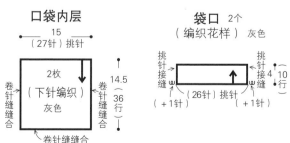

袋口 2个 (编织花样) 灰色

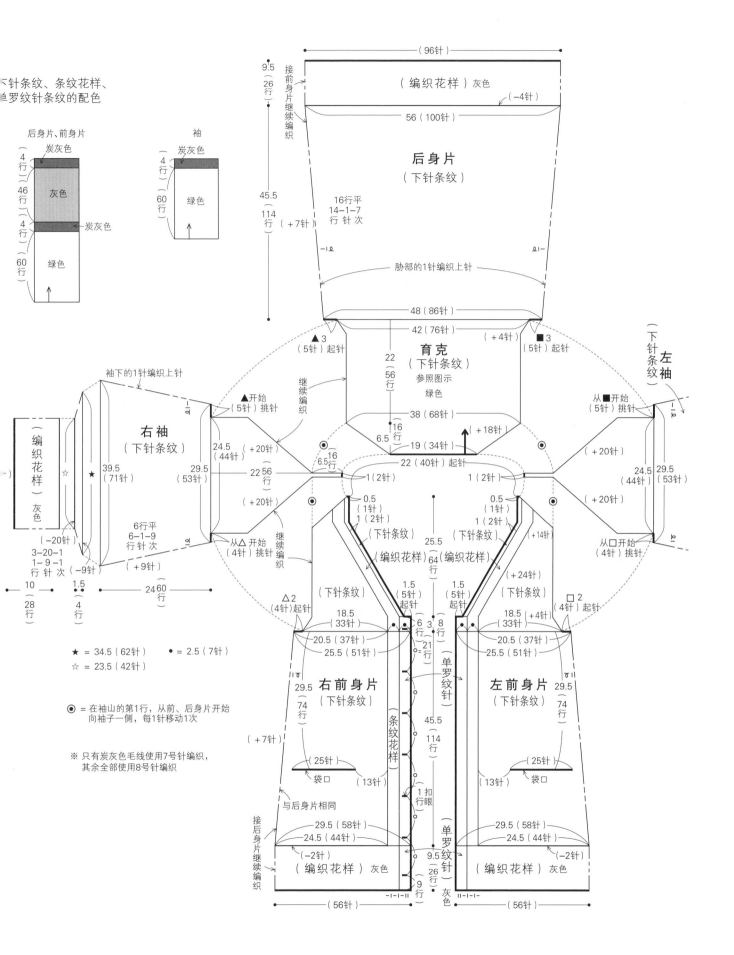

下针条纹、条纹花样、
单罗纹针条纹的配色

后身片、前身片
炭灰色
4行
灰色
46行
炭灰色
4行
绿色
60行

袖
炭灰色
4行
绿色
60行

（96针）
9.5（26行）
接前身片继续编织
（编织花样）灰色
（-4针）
56（100针）

后身片
（下针条纹）

45.5（114行）（+7针）
16行平
14-1-7
行 针 次
胁部的1针编织上针

48（86针）
42（76针）（+4针）
▲3（5针）起针
■3（5针）起针

22（56行）
育克
（下针条纹）
参照图示
绿色

袖下的1针编织上针

右袖
（下针条纹）

24.5（44针）（+20针）
29.5（53针）

39.5（71针）★

6行平
6-1-9
行 针 次

3-20-1
1-9-1
行 针 次（-9针）

继续编织
▲开始（5针）挑针

38（68针）
6.5（16行）19（34针）（+18针）
22（40针）起针
1（2针）
0.5（1针）
1（2针）
（下针条纹）
（编织花样）

25.5（64行）
（编织花样）

（下针条纹）
1.5（5针）起针

18.5（33针）
20.5（37针）
25.5（51针）

（+20针）
22（56行）
6.5（16行）
（+20针）

△2（4针）起针
从△开始（4针）挑针
继续编织

右前身片
（下针条纹）

29.5（74行）（+7针）

10（28行）
1.5（4行）
24 60行

★=34.5（62针）   ●=2.5（7针）
☆=23.5（42针）

◉=在袖山的第1行，从前、后身片开始
向袖子一侧，每1针移动1次

※只有炭灰色毛线使用7号针编织，
其余全部使用8号针编织

（25针）
袋口（13针）

与后身片相同

接后身片继续编织

29.5（58针）
24.5（44针）（-2针）
（编织花样）灰色

（56针）

左袖
（下针条纹）

从■开始（5针）挑针
（+20针）
24.5（44针）
29.5（53针）

1（2针）
0.5（1针）
1（2针）
（下针条纹）
（编织花样）

（+14针）

左前身片
（下针条纹）

1.5（5针）起针
18.5（33针）（+4针）
20.5（37针）
25.5（51针）

□2（4针）起针
从□开始（4针）挑针

29.5（74行）

45.5（114行）

单罗纹针
条纹花样

1扣眼
3 8
6 行
21 行

9.5（26行）
9行

（25针）
（13针）袋口

29.5（58针）
24.5（44针）（-2针）
（编织花样）灰色

（56针）

77

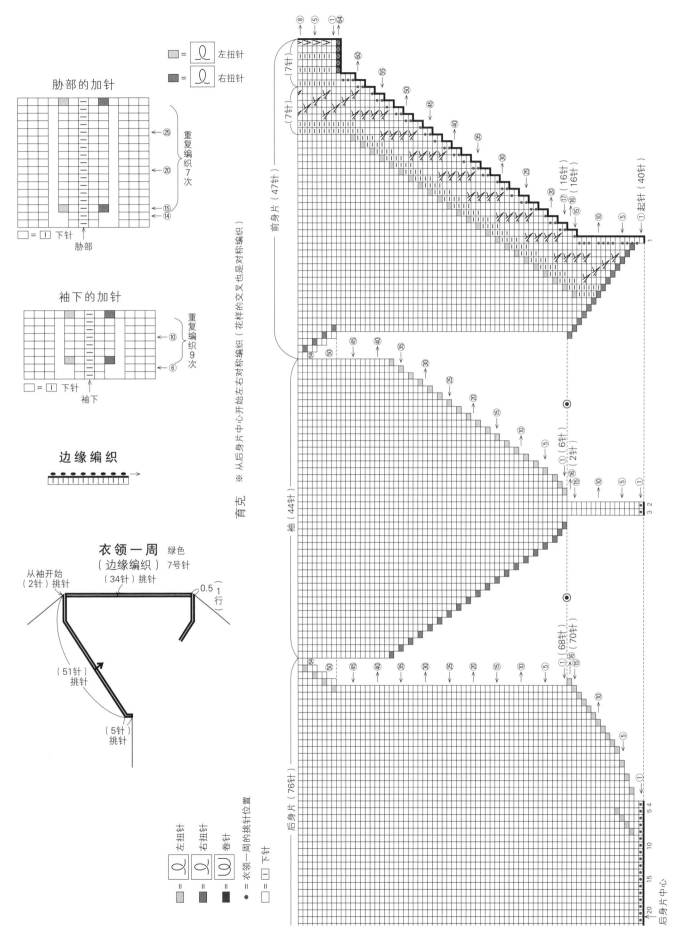

胁部的加针

□ = Ⅰ 下针

□ = 左扭针
■ = 右扭针

重复编织7次

胁部

袖下的加针

□ = Ⅰ 下针

重复编织9次

袖下

边缘编织

衣领一周 绿色
（边缘编织）7号针

从袖开始
（2针）挑针

（34针）挑针

0.5（1行）

（51针）挑针

（5针）挑针

左扭针
右扭针
卷针

= 衣领一周的挑针位置

□ = Ⅰ 下针

育克 ※从后身片中心开始左右对称编织（花样的交叉也是对称编织）

前身片（47针）

（7针）

（7针）

袖（44针）

后身片（76针）

后身片中心

19 | 暖色调秋款套头衫 图片见42页

●编织材料:
毛线…AVRIL WOOL 人造毛线 黄色(304)170g,卡其色(302)85g
棒针…8号、6号环针(60cm或80cm),8号、6号4根针

●编织密度:
10cm×10cm面积内:下针编织17.5针,27行

●成品尺寸:
胸围87cm,衣长64cm,连肩袖长71.5cm

●编织方法:
育克…领窝开始手指挂线起针,育克参照编织图,开始做下针编织。

编织起点处往返编织,前领窝中间插入棒针后起针(参考92页),环形编织。育克分别做前、后身片和袖子编织,最后在衣袖处休针。
身片、衣袖…前、后身片的腋下从锁针的起针处挑针,连着育克环形编织。把育克和腋下起针的锁针拆开后挑针,环形编织衣袖。胁部、袖下的1针编织上针,然后参照各自的编织图加减针编织。在图中所示位置更换毛线的颜色。下摆、袖口编织3行起伏针,编织上针的同时做伏针收针。从衣领一周挑针后编织起伏针。

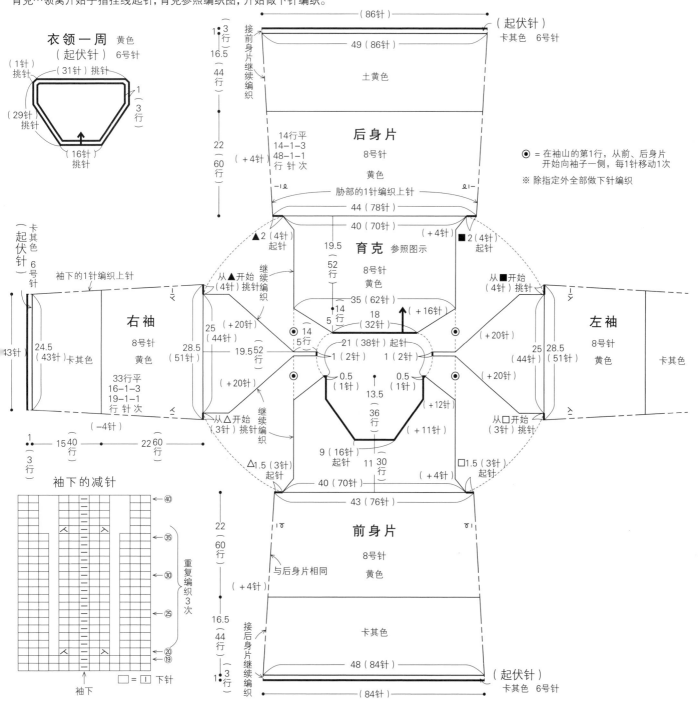

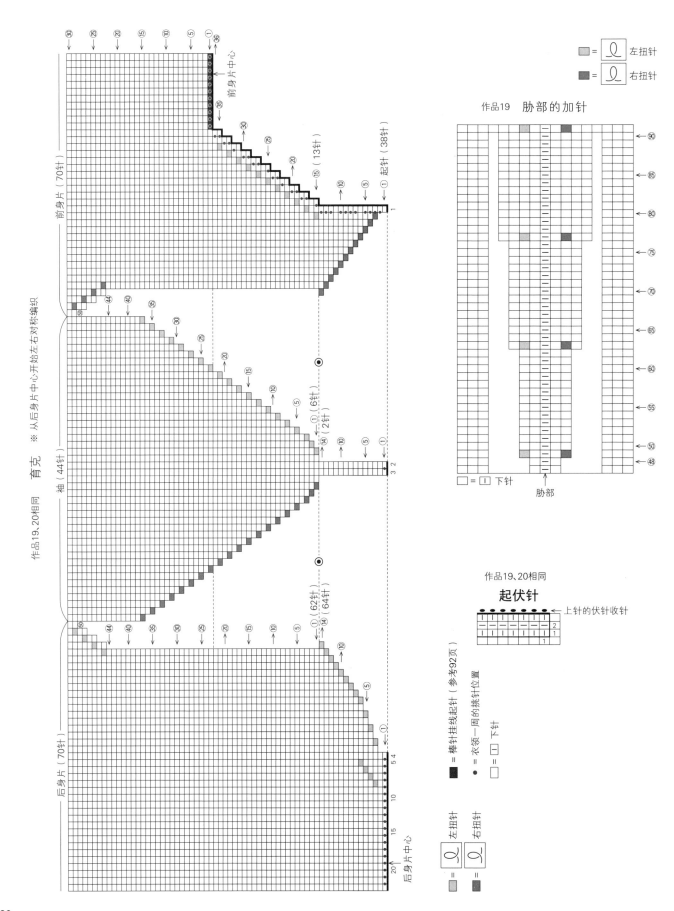

作品19　胁部的加针

□ = 左扭针
■ = 右扭针

作品19、20相同

起伏针
上针的伏针收针

作品19,20相同　育克　※从后身片中心开始左右对称编织

前身片中心

前身片（70针）

起针（38针）

袖（44针）

后身片（70针）

后身片中心

□ = □ 下针

胁部

□ = 左扭针
□ = 右扭针

■ = 棒针挂线起针（参考92页）
● = 衣领一周的挑针位置
□ = □ 下针

20 大圆领纯色套头衫 图片见44页

●**编织材料:**
毛线…AVRIL MOHAIR 圈圈毛线 燕麦色（43）190g；美利奴羊毛线
米色（05）60g
棒针…8号、6号环针（60cm或80cm），8号、6号4根针

●**编织密度:**
10cm×10cm面积内：下针编织16.5针，28行

●**成品尺寸:**
胸围93cm，衣长57.5cm，连肩袖长69.5cm

●**编织方法:**
1根马海毛圈圈线和1根美利奴羊毛线直接并成1股编织。

育克…领窝开始手指挂线起针，育克参照编织图，开始做下针编织。
编织起点处是往返编织，前领窝中间插入棒针后起针（参考92页），
环形编织。育克分别做前、后身片和袖子编织，最后在衣袖处休针。
身片、衣袖…前、后身片的腋下从锁针的起针处挑针，连着育克环形
编织。把育克和腋下起针的锁针拆开后挑针，环形编织衣袖。胁部、
袖下的1针编织上针，衣袖按照图示减针编织。下摆、袖口编织3行起
伏针，然后编织上针的同时做伏针收针。衣领一周挑针后编织起伏
针。

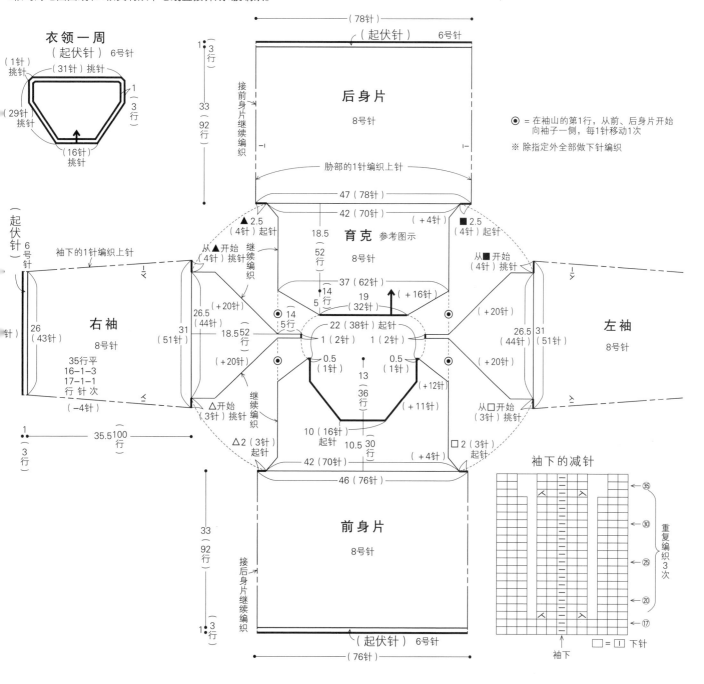

81

15 粗线编织的长外套 图片见 36 页

●编织材料：
毛线…AVRIL GAUDI 藏青色（21）750g，PAFU（黑芯）粉色
（B-3）5g
棒针…15号环针、15号4根针

●编织密度：
10cm×10cm面积内：下针编织12针，18行

●成品尺寸：
胸围117cm，衣长76.5cm，连肩袖长约71cm

●编织方法：
育克…领窝开始手指挂线起针，育克参照图示往返编织。育克分别

做前身片、后身片和袖子编织，最后在衣袖处休针。
身片、衣袖…前、后身片的腋下从锁针的起针处挑针，从育克开始接着前、后身片进行往返编织。把育克和腋下起针的锁针拆开后挑针，环形编织衣袖。胁部、袖下的1针是上针编织，然后参照各自的编织图加减针编织。下摆、袖口编织6行单罗纹针后做伏针收针。口袋是把1根藏青色线和1根粉色（黑芯）线并在一起编织。手指挂线起针后做上针编织，然后把口袋缝合在图示位置。

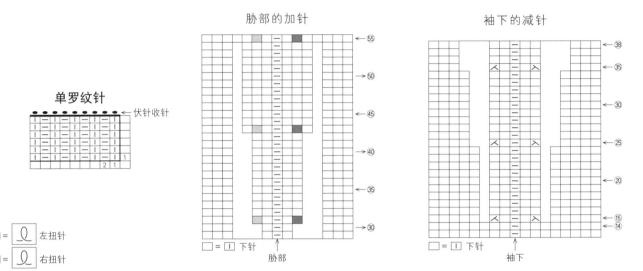

胁部的加针　　　　　　　袖下的减针

单罗纹针

＝ 左扭针
＝ 右扭针
□＝ 下针

□＝ 下针　　　　　　　　□＝ 下针

育克　　※从后身片中心开始左右对称编织

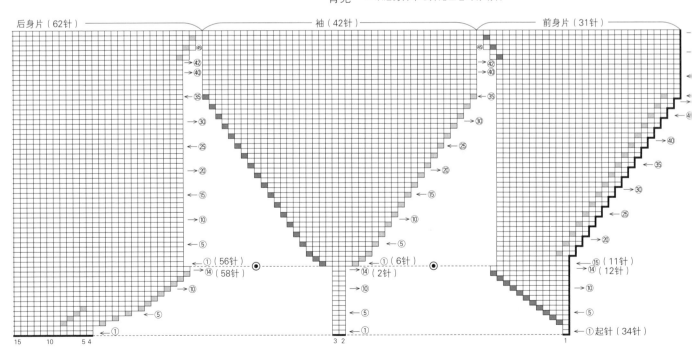

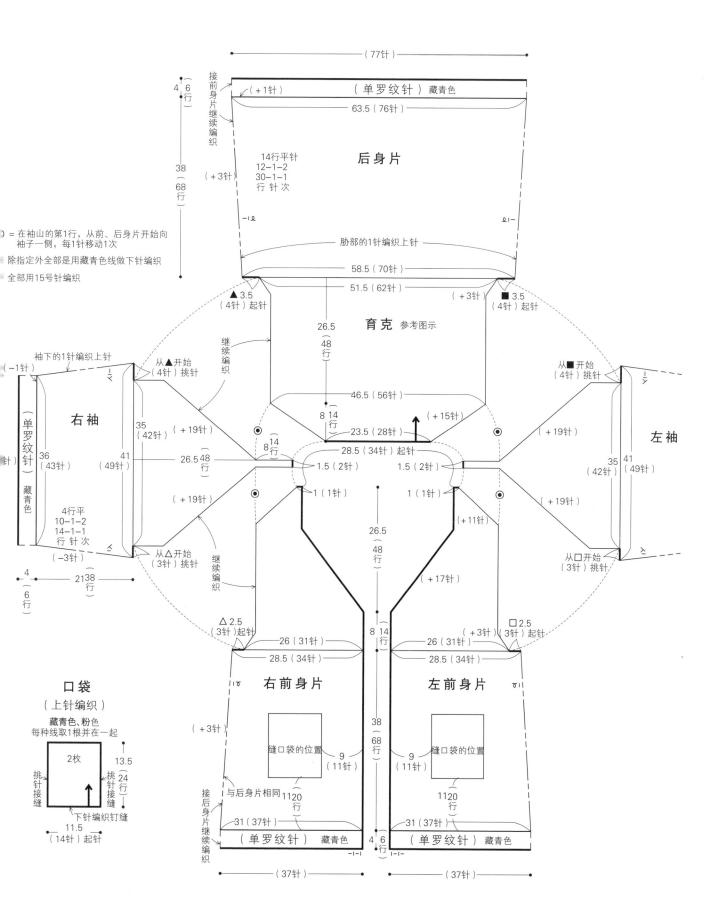

（ 77针 ）

4（6行）

接前身片继续编织

（ +1针 ）　（单罗纹针）藏青色

63.5（76针）

后身片

14行平针
12-1-2
30-1-1
行 针 次

（ +3针 ）

38（68行）

○ = 在袖山的第1行，从前、后身片开始向
　　袖子一侧，每1针移动1次

※ 除指定外全部是用藏青色线做下针编织

※ 全部用15号针编织

胁部的1针编织上针

58.5（70针）

51.5（62针）　（ +3针 ）

▲3.5（4针）起针　■3.5（4针）起针

26.5（48行）

育克 参考图示

袖下的1针编织上针

（ -1针 ）

（单罗纹针）藏青色

右袖

36（43针）

35（42针）　（ +19针 ）

从▲开始（4针）挑针

继续编织

46.5（56针）

41（49针）

26.5（48行）

8（14行）

23.5（28针）　（ +15针 ）

8（14行）

28.5（34针）起针

26.5（48行）

4行平
10-1-2
14-1-1
行 针 次

（ -3针 ）

从△开始（3针）挑针

继续编织

1.5（2针）　1.5（2针）

1（1针）　1（1针）

（ +11针 ）

4（6行）

2138行

△2.5（3针）起针

26（31针）

28.5（34针）

26.5（48行）

8（14行）

（ +17针 ）

右前身片

左前身片

从■开始（4针）挑针

左袖

35（42针）　41（49针）

（ +19针 ）

从□开始（3针）挑针

□2.5（3针）起针　（ +3针 ）

26（31针）

28.5（34针）

口袋

（上针编织）

藏青色、粉色
每种线取1根并在一起

2枚

13.5（24行）

挑针接缝　挑针接缝

下针编织钉缝

11.5（14针）起针

缝口袋的位置

9（11针）

9（11针）

缝口袋的位置

38（68行）

接后身片继续编织

与后身片相同

1120行

1120行

31（37针）

31（37针）

（ +3针 ）

（单罗纹针）藏青色　（单罗纹针）藏青色

4（6行）

（ 37针 ）　（ 37针 ）

16 | 迷你口袋短开衫 图片见 38 页

●编织材料：
毛线…AVRIL CROSS BREAD 白色（01）245g，橙红色（03）25g，
深灰色（07）15g，蓝色（22）15g
棒针…5号环针、5号4根针
其他…直径1.3cm的纽扣6颗
●编织密度：
10cm×10cm面积内：下针编织22针，30行
●成品尺寸：
胸围92cm，衣长51.5cm，连肩袖长66.5cm

●编织方法：
育克…领窝开始手指挂线起针，育克参照图示往返编织。育克分别
做前身片、后身片和袖子编织，最后在衣袖处休针。
身片、衣袖…前、后身片的腋下从锁针的起针处挑针，从育克开始接着
前、后身片做往返编织。把育克和腋下起针的锁针拆开后挑针，环形
编织衣袖。胁部、袖下的1针编织上针，衣袖按照编织图减针编织。下
摆、袖口用各自指定颜色的毛线，编织单罗纹针后做伏针收针。从领
窝和前身片开始挑针，编织前门襟和衣领，在右前门襟上预留出扣眼。
手指挂线起针后，编织口袋，然后缝在图示位置。在左前门襟缝上纽
扣。

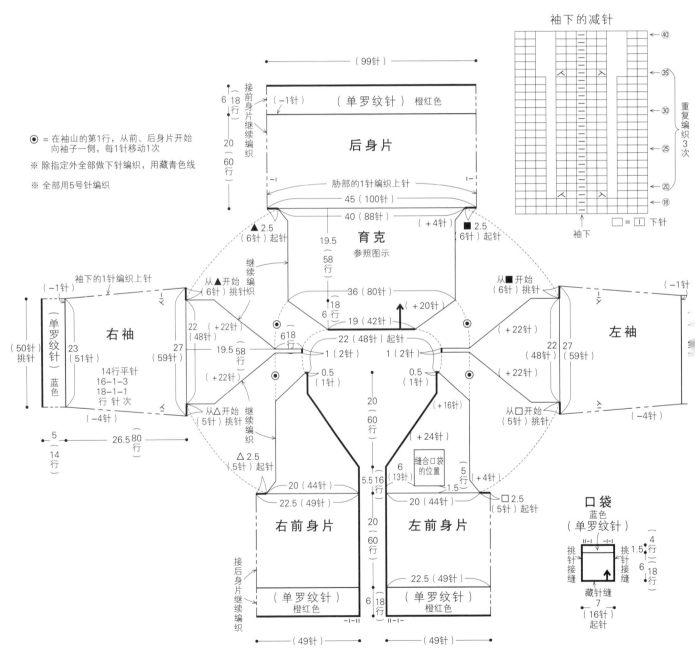

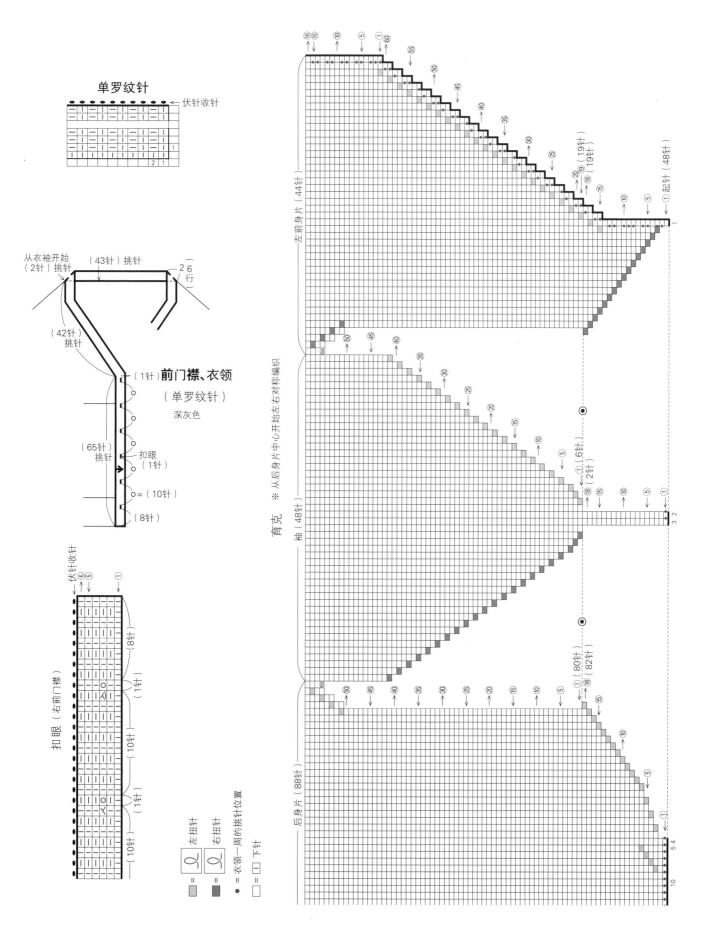

17、18

中性风中长款开衫、中性风短开衫 图片见40、41页

●编织材料:
毛线…和麻纳卡 AMERRY 作品17 藏青色（17）290g/8团, 蓝色
（16）260g/7团 作品18 酒红色（19）260g/7团, 灰色（22）240g/6团
棒针…12号环针或2根针, 12号、10号4根针
其他…直径2.1cm的纽扣5颗

●编织密度:
10cm×10cm面积内:下针编织13针, 21行

●成品尺寸:
胸围101.5cm, 衣长 作品17 64.5cm、作品18 58cm, 连肩袖长
69.5cm

●编织方法:
育克…领窝开始手指挂线起针, 育克参照图示往返编织。育克分别
做前身片、后身片和袖子编织, 最后在衣袖处休针。
身片、衣袖…前、后身片的腋下从锁针的起针处挑针, 从育克开始接
着前、后身片往返编织。把育克和腋下起针的锁针拆开后挑针, 环形
编织衣袖。胁部、袖下的1针编织上针, 然后参照各自的编织图加减针
编织。下摆、袖口编织起伏针后, 做伏针收针。从领窝和前身片开始挑
针, 编织前门襟和衣领, 在右前门襟上预留出扣眼。手指挂线起针
后, 口袋编织起伏针和下针编织, 然后缝在图示位置。在左前门襟
缝上纽扣。

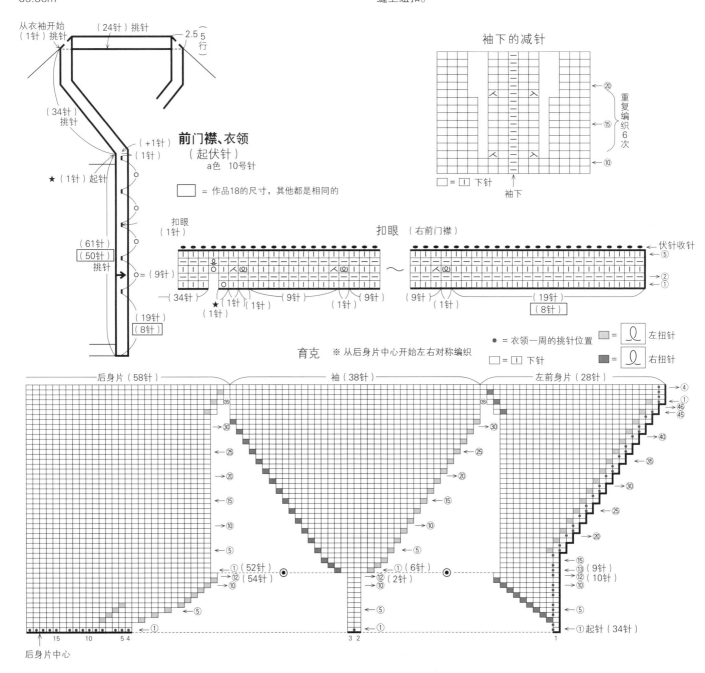

86

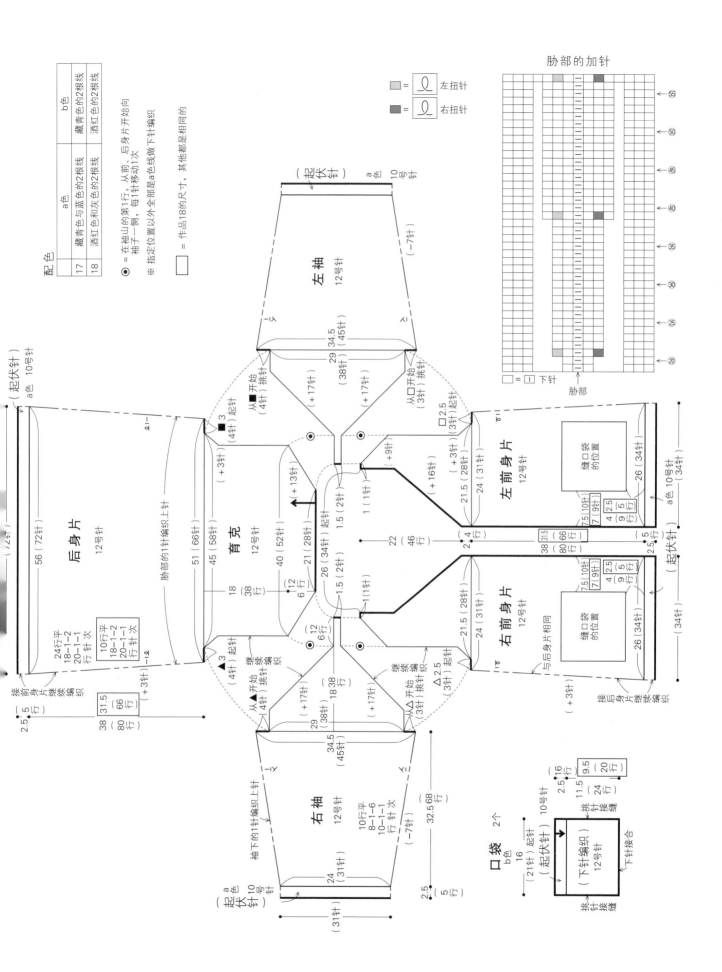

胁部的加针

□ = 左扭针
■ = 右扭针

□ = 下针
胁部

配色

	a色		b色
	藏青色与蓝色的2根线		藏青色的2根线
17	酒红色和灰色的2根线		酒红色的2根线
18			

⊙ = 在袖山的第1行，从前、后身片开始向袖子一侧，每1针移动a色线1次

※ 指定位置以外全部都是a色线做下针编织

□ = 作品18的尺寸，其他都是相同的

左袖 12号针
（起伏针）a色 10号针

后身片 12号针

育克 12号针

右袖 12号针

左前身片 12号针

右前身片 12号针

口袋 2个 b色

21 | 配色花样 V 领套头衫 图片见 46 页

●编织材料：
毛线…芭贝 BRITISH EROIKA 米灰色（200）380g/8团，蛋黄色（191）40g/1团，酒红色（168）40g/1团，绿色（197）35g/1团
棒针…10号环针（60cm或80cm）、10号4根针
●编织密度：
10cm×10cm面积内：下针编织、配色花样都是18针，22行
●成品尺寸：
胸围89cm，衣长65.5cm，连肩袖长约71cm

●编织方法：
育克…领窝开始手指挂线起针，育克参照编织图，开始做下针编织。编织起点处是往返编织，从V领的尖部开始环形编织后，育克分别做前身片、后身片和袖子编织，最后在衣袖处休针。
身片、衣袖…前、后身片的腋下从锁针的起针处挑针，接着育克编织配色花样和下针编织连成环形。把育克和腋下起针的锁针拆开后挑针，环形编织衣袖。胁部、袖下的1针编织上针。袖下按照图示减针编织。下摆、袖口做10行编织花样之后做伏针收针。衣领是从领窝开始挑针做边缘编织。

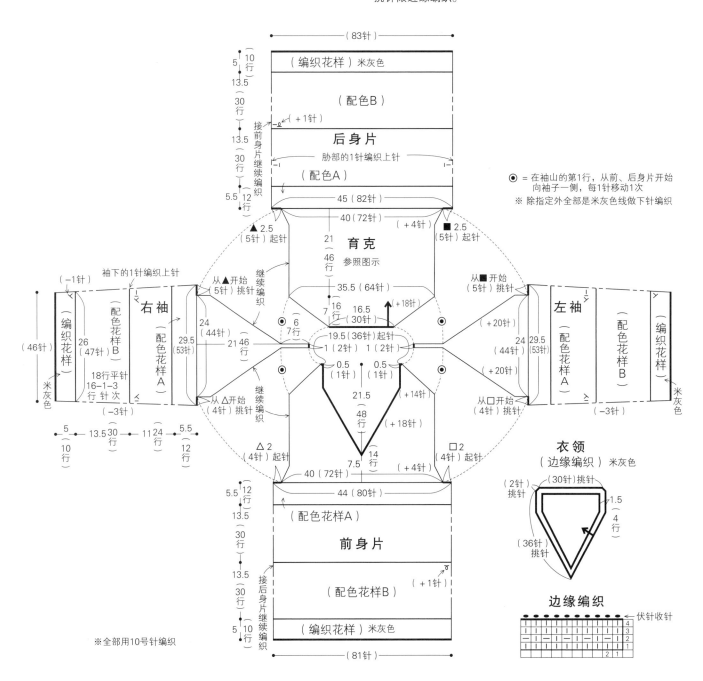

⊙ = 在袖山的第1行，从前、后身片开始
向袖子一侧，每1针移动1次
※ 除指定外全部是米灰色线做下针编织

※全部用10号针编织

袖下的减针

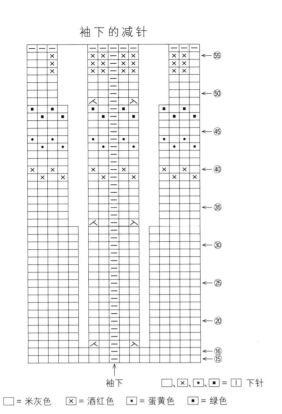

袖下

□、×、•、■ = | 下针

□ = 米灰色　×= 酒红色　• = 蛋黄色　■ = 绿色

配色花样

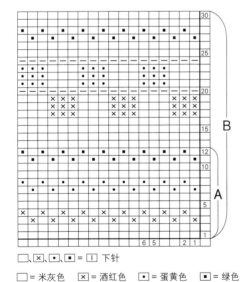

□、×、•、■ = | 下针

□ = 米灰色　×= 酒红色　• = 蛋黄色　■ = 绿色

编织花样

←伏针收针

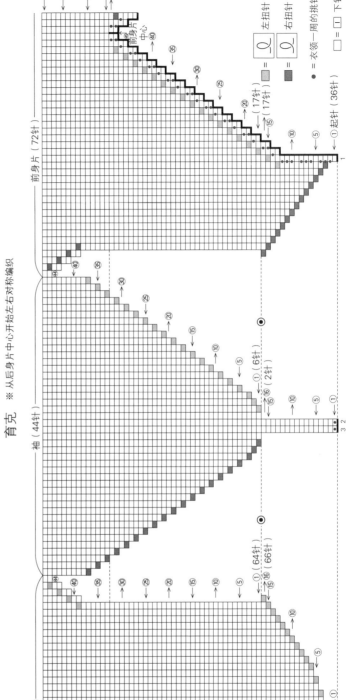

育克　※从后身片中心开始左右对称编织

前身片（72针）

袖（44针）

后身片（72针）

后身片中心

左扭针
右扭针
= 衣领一周的挑针位置
（ | 下针 ）
• = 起针（36针）
□ = 下针

22 | 泡泡袖卷边毛衫 图片见47页

●编织材料:
毛线…芭贝 BOTTONATO 原色(101)250g/7团
棒针…8号、6号环针(60cm或80cm), 8号、6号4根针
●编织密度:
10cm×10cm面积内:下针编织20针, 26行
●成品尺寸:
胸围97cm, 衣长59.5cm, 连肩袖长38cm
●编织方法:
育克…领窝开始手指挂线起针, 参照育克编织图开始做下针编织。

编织起点往返编织, 从前领窝的中央开始挑起锁针起针后环形编织。前身片中央做编织花样。育克分别做前身片、后身片和袖子编织, 最后在衣袖处休针。
身片、衣袖…前、后身片的腋下从锁针的起针处挑针, 接着育克做编织花样和下针编织连成环形。把育克和腋下起针的锁针拆开后挑针, 环形编织衣袖。胁部、袖下的1针编织上针。胁部按照图示减针编织, 接着做边缘编织。袖口在做边缘编织的第1行, 把衣袖的针目均匀减针, 编织终点做伏针收针。从领窝开始挑针后做边缘编织。

编织花样

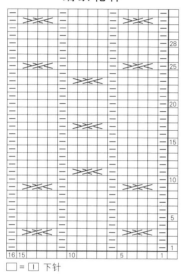

□ = Ι 下针

胁部的减针

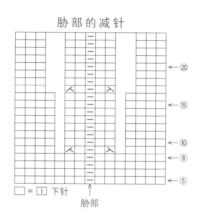

□ = Ι 下针

胁部

边缘编织

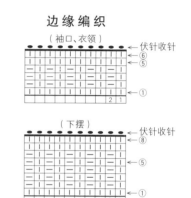

(袖口、衣领)

伏针收针

(下摆)

伏针收针

衣领 (边缘编织)

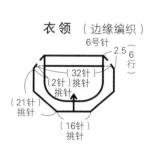

6号针
2.5(6行)
(32针)挑针
(2针)挑针
(21针)挑针
(16针)挑针

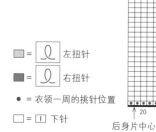

= ℓ 左扭针

= ℓ 右扭针

● = 衣领一周的挑针位置

□ = Ι 下针

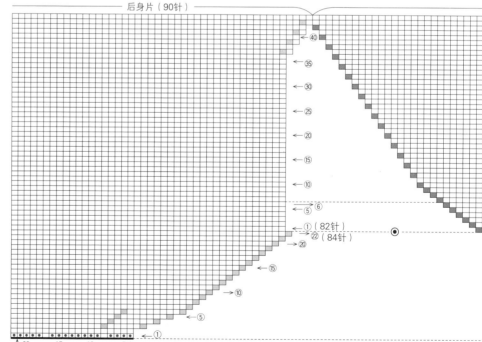

后身片(90针)

后身片中心

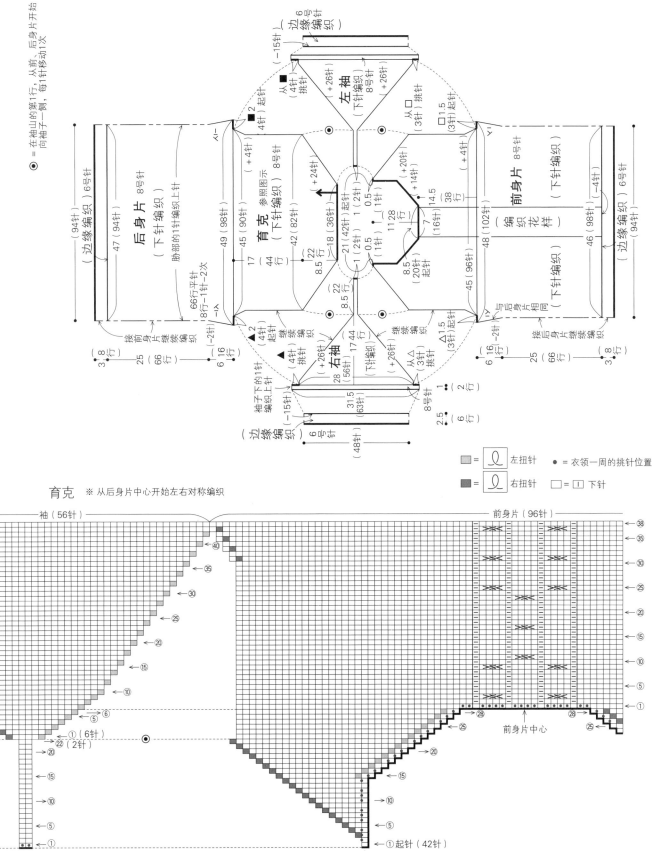

基础针法

手指挂线起针

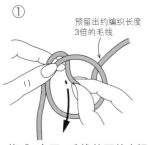

① 预留出约编织长度3倍的毛线

绕成1个环，毛线从环的中间拉出。

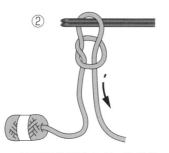

②

从图示的环中入针，然后拉紧。

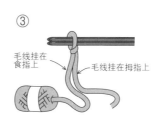

③ 毛线挂在食指上　毛线挂在拇指上

图示为第1针完成的状态。

④

按照图中箭头所示挂线。

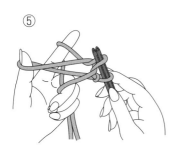

⑤

先松开挂在拇指上的线。

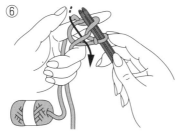

⑥

按照图中箭头所示，拇指挂线后慢慢将针目拉紧。

⑦

图示是第2针完成的状态。

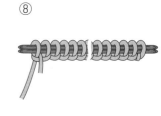

⑧

起针就完成了。这是第1行的正面。

右扭针

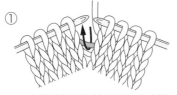

①

左针从针目和针目的渡线外侧入针后，向上拉。

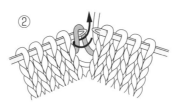

②

如图中箭头所示入针后，编织下针。

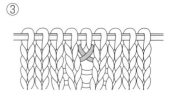

③

渡线就编织成了向右扭转的状态。

左扭针

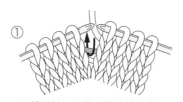

①

左针从针目和针目的渡线内侧入针后，向上拉。

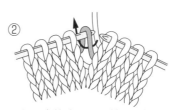

②

如图中箭头所示入针后，编织下针。

③

渡线就编织成了向左扭转的状态。

棒针挂线起针…在行的编织终点处，织片翻转后起针

① 在针目和针目中间入针，棒针挂线。

② 挂线拉出。

③ 如图所示，针目扭一下挂在左针上。

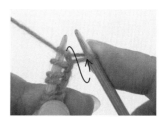

④ 重复步骤①~③，在左针上编织好必要的针数，然后翻到正面继续编织。

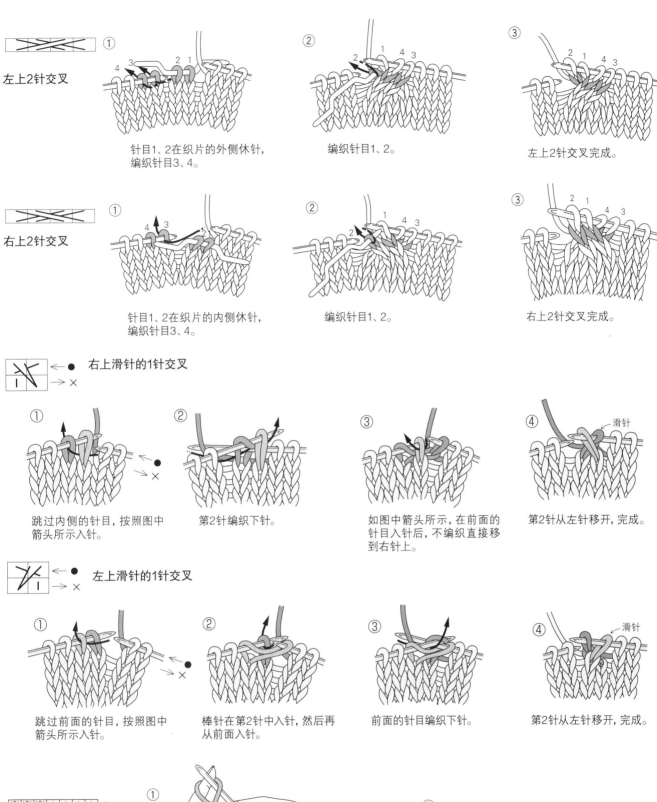

左上2针交叉

① 针目1、2在织片的外侧休针，编织针目3、4。

② 编织针目1、2。

③ 左上2针交叉完成。

右上2针交叉

① 针目1、2在织片的内侧休针，编织针目3、4。

② 编织针目1、2。

③ 右上2针交叉完成。

右上滑针的1针交叉

● ←
→ ×

① 跳过内侧的针目，按照图中箭头所示入针。

② 第2针编织下针。

③ 如图中箭头所示，在前面的针目入针后，不编织直接移到右针上。

④ 滑针
第2针从左针移开，完成。

左上滑针的1针交叉

● ←
→ ×

① 跳过前面的针目，按照图中箭头所示入针。

② 棒针在第2针中入针，然后再从前面入针。

③ 前面的针目编织下针。

④ 滑针
第2针从左针移开，完成。

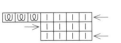

卷针加针 … 编织的同时，完成2针以上针目的方法

① 在行的编织终点处，食指挂线，在右针上起针。

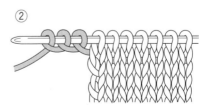

② 卷针完成的状态。

双罗纹针收针（平针编织）
● 两端2针下针

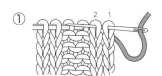

从针目1的前面入针，从针目2的前面出针。

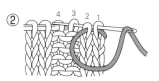

再次从针目1中入针，从针目3的前面开始向后面拉出。

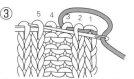

从针目2的前面跳过针目4，在针目5的下针后面入针。

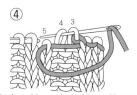

所有上针，一起从针目3的后面开始向针目4的后面入针。

所有下针，一起从针目5的前面开始向针目6的前面入针。

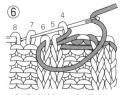

所有上针，一起从针目4的后面开始向针目7的后面入针。重复步骤③~⑥。

最后在针目3'和1'处入针。

● 两端3针下针

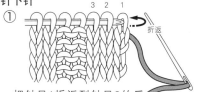

把针目1折返到针目2的反面，重叠。

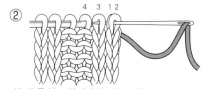

从重叠针目的内侧开始入针，在针目3的前面出针。之后，按照"两端2针下针"的步骤②~⑥入针编织。

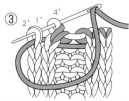

最后，把针目1'的针目折返到针目2'的内侧，按照和"两端2针下针"相同的方法入针编织，完成。

双罗纹针收针（环形编织）

从编织起点针目1的后面入针。

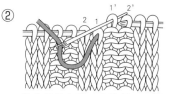

从编织终点针目1'的前面入针。

从针目1的前面开始入针，然后从针目2的后面向前面出针。

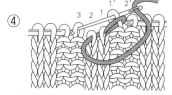

从编织终点针目1'的后面入针，从针目3的后面出针。

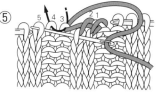

之后是重复平针编织的步骤③~⑥。

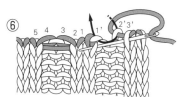

最后在针目3'、2'、1'处入针。

挑针缝合

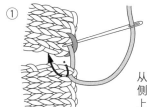

从无线头起针一侧开始挑针，在上侧的起针处入针。

每行交替挑起1针内侧的渡线。

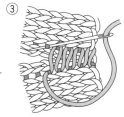

把线拉紧，防止缝合线露出。

下针缝合

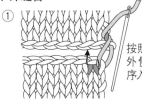

按照内侧边缘针目、外侧边缘针目的顺序入针。

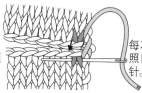

每次挑起2根线，按照图中箭头所示入针。

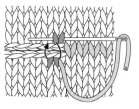

前面是"八"字形，后面是倒"八"字形。

本书中使用的毛线介绍

AVRIL　http://www.avril-kyoto.com/
AVRIL　株式会社

毛线名称	材质	规格	毛线种类	标准针号
WOOL 人造毛线	羊毛74%　尼龙26%	33m/10g	中粗	6~8号
CROSS BREAD	羊毛100%	25m/10g	中粗	7~9号
MOHAIR TAMU	马海毛70%　羊毛10% 尼龙20%	22m/10g	极粗	15号至8mm
WOOL PENI	羊毛60%　丝绸40%	40m/10g	粗	5~7号
GAUDI	羊毛100%	10m/10g	超极粗	15号至8mm
PAFU（黑芯）	尼龙40%　腈纶60%	65m/10g	中粗	6~8号
MOHAIR 圈圈毛线	马海毛81%　羊毛9% 尼龙10%	40m/10g	中粗	8~10号
美利奴羊毛	羊毛100%	240m/10g	极细	2~4号（3根线）
PURELUMN	羊毛100%	120m/10g	极细	3~5号（2根线）

和麻纳卡　http://www.hamanaka.co.jp/
和麻纳卡　株式会社

毛线名称	材质	规格	毛线种类	标准针号
EXCIDE WOOL L（中粗）	羊毛100%（添加美利奴羊毛）	40g/团，约80m	中粗	6~8号
ARAN TWEED	羊毛90%　羊驼毛10%	40g/团，约82m	极粗	8~10号
ALPACA MOHAIR FINE	马海毛35%　腈纶35% 羊驼毛20%　羊毛10%	25g/团，约110m	中粗	5、6号
AMERRY	羊毛70%（新西兰羊毛）腈纶30%	40g/团，约110m	中粗	6~7号

芭贝　http://www.puppyarn.com/
DAIDOL LIMITED 株式会社 PAPPI 事业部

毛线名称	材质	规格	毛线种类	标准针号
KID MOHAIR FINE	马海毛79%（添加超级马海毛） 尼龙21%	25g/团，约225m	极细	1~3号
PRINCESS ANNY	羊毛100%（防缩水加工）	40g/团，约112m	粗	5~7号
CLASSICA	羊毛100%（使用美利奴羊毛）	50g/团，约120m	中粗	7~9号
BOTTONATO	羊毛100%	40g/团，约94m	中粗	7~9号
BRITISH EROIKA	羊毛100%（50%以上使用英国羊毛）	50g/团，约83m	极粗	8~10号

日本宝库社授权河南科学技术出版社在中国大陆独家出版发行本书中文简体字版本。

版权所有，翻印必究

备案号：豫著许可备字－2015－A－00000463

图书在版编目（CIP）数据

从领口向下编织的毛衫 / 日本宝库社编著 ; 甄东梅译. — 郑州 : 河南科学技术出版社, 2018.3（2024.7重印）
ISBN 978-7-5349-9065-6

Ⅰ.①从… Ⅱ.①日…②甄… Ⅲ.①毛衣—编织—图集 Ⅳ.①TS941.763-64

中国版本图书馆CIP数据核字(2017)第311230号

出版发行：河南科学技术出版社
　　　　　地址：郑州市郑东新区祥盛街 27 号　　邮编：450016
　　　　　电话：（0371）65737028　　　65788613
　　　　　网址：www.hnstp.cn
策划编辑：刘　欣
责任编辑：张　培
责任校对：马晓灿
封面设计：张　伟
责任印制：张艳芳
印　　刷：河南瑞之光印刷股份有限公司
经　　销：全国新华书店
幅面尺寸：213 mm×285 mm　　印张：6　　字数：160 千字
版　　次：2018 年 3 月第 1 版　　2024 年 7 月第 6 次印刷
定　　价：49.00 元

如发现印、装质量问题，影响阅读，请与出版社联系并调换。